How to use a "Microsoft Word" without stress
by Shirei Shizuko

四禮静子 著

Wordのムカムカ！が一瞬でなくなる使い方

文章・資料作成のストレスを最小限に！

技術評論社

免責

　本書に記載された内容は、情報の提供のみを目的としています。したがって、本書を用いた運用は、必ずお客様自身の責任と判断によって行ってください。これらの情報の運用の結果について、技術評論社および著者はいかなる責任も負いません。

　本書記載の情報は、刊行時のものを掲載していますので、ご利用時には変更されている場合もあります。

　また、ソフトウェアはバージョンアップされる場合があり、本書での説明とは機能内容や画面図などが異なってしまうこともありえます。

　以上の注意事項をご承諾いただいたうえで、本書をご利用願います。これらの注意事項をお読みいただかずに、お問い合わせいただいても、技術評論社および著者は対処しかねます。あらかじめ、ご承知おきください。

商標、登録商標について

　本文中に記載されている製品の名称は、一般に関係各社の商標または登録商標です。なお、本文中では™、®などのマークを省略しています。

はじめに

　Word は、とても優秀で従順な部下です。きちんと命令すれば、絶対に文句を言わず、忠実に従ってくれます。ただし、「まちがった命令をしなければ」です。

　たとえば、印刷してしまえばどうにか体裁は整った文書に見えるかもしれませんが、ちょっと文字を変更するとレイアウトが崩れたりしませんか？
　むりやり1ページに収めようと文章を変更するのに手間をかけて、たかだかA4 1枚の書類に何時間もかけたりしていませんか？

　大事なのは、「何を伝えるのか」という内容です。

　企画したことを人に伝えるために文書化する。
　お知らせしたいことを文書にして伝える。
　翻訳した内容を文字にまとめる。

　Word はそのための道具でしかありません。だから、道具を使いこなせなくてつまずいていては大損なのです。せっかくいいアイデアがあっても、それを伝える魅力的な書類を作れなければ、相手には伝わらないわけですから。
　私は、完全マンツーマンのパソコンスクールを開校して17年になります。在籍生徒数は2000名を超え、外部研修と合わせると、年間たくさんの方に授業を行っております。最近は特に、仕事で困っている部分のみの相談を持ち込まれる方が多くなりました。みなさん、一般的な操作はおできになるのですが、

「普通に業務はこなしているけれど、ここがうまくいかない」
「こんなことに時間がかかる」
「これができない、さらにスキルアップしたい」

などと駆け込んでいらっしゃいます。完全マンツーマン授業ですから、1対1で授業を行います。いただく授業料に値するような授業をしなければ、容赦なく次回の予約は入りません。

そして、私どものスクールは、授業料の割引は絶対行わない主義なのです。限られた時間の中でスキルの到達点まで導いていくためには、明るく楽しいだけではすまないケースもあります。でも、「あなたのためだから」と何度も何度も繰り返し説明して、理解していただきます。

本書は、基本的な操作方法の手順解説書ではありません。たくさんの方とのマンツーマン授業で培ってきたノウハウや、企業研修で「こんなことできないの？」「どうしてこうなるの？」「もっといい方法はないの？」といただいた質問と答えをまとめたものです。Wordをお使いの方がイラつかないように、そして、これから社会人になる方が胸を張って「Word、使えます！」と言えるようなスキルを身につけていただけることを願って、本書を書きました。

人の好みというのは、すべて主観です。音楽も映画もファッションも、自分が好きでもほかの人が好きとは限りません。だから、作り手は勉強したからといって成功するとは限りません。でも、でも、Wordのスキルは、「知っているか、知らないか」だけ。努力したことがすべて報われて結果がついてくるのです。若いころ、その主観に左右される道を選んだばかりに、努力をしても努力をしても報われず、自分の才能のなさに気づくまで時間がかかりました。パソコンに出会って、勉強したことがどんどん役に立つことに快感を覚えたくらいです。

1つでも多くの機能を知ることが、スキルアップにつながります。それが「あなたのためだから」。

Wordのムカムカ！が一瞬でなくなる使い方

CONTENTS

はじめに ……………………………………………………………………… 3

第1章 ほんの数秒でストレスが激減する設定のコツ

Section

01 選択時に表示されるミニツールバー、まちがってボタンを押してしまうことが多くてイヤ！ ……………… 12

02 表の編集中にグリッド線がジャマ！ ……………………………… 14

03 スペースを入力しているのか、タブやインデントが使われているのか、わかりにくい！ ……………… 16

04 1行に何文字入力できるか、文字間は何文字あいてるか、どうすればかんたんにわかる？ ……………………………… 18

05 あっちのタブ、こっちのタブと切り替えるのが面倒…… ……… 19

06 一部の機能しかクイックアクセスツールバーに追加できないの？ ……… 20

07 クイックアクセスツールバーにボタンが増えすぎて、文書のタイトルが見にくくなった！ …………………………… 21

08 クイックアクセスツールバーのボタン、何をするものなのかわかりやすくならない？ ………………………… 22

09 印刷した後に、ページの順番がわからなくなっちゃう…… …… 25

第2章 5分で文書作成を終わらせるための基本

Section

01 1行目に題名を入力して改行すると、2行目が大きな文字になったり下線が引かれたりして、普通の文字が入力できない！ ……… 28

02 文字を選択しようと思ってドラッグしたら、
いつの間にか文字が入れ替わったりなくなったりして困る…… 31

03 「この単語とこの単語」「この行とこの行」のように
離れた箇所を選ぶには？ 33

04 選択をまちがっちゃった！　どう解除する？ 34

05 数十行を選択するときに、
左余白をドラッグしていたら途中で失敗してしまう。
もっとかんたんに広範囲を選択する方法はないの？ 35

06 ほかの人が作成した書類を変更して使おうと思ったら、
書式が崩れてメチャクチャ！　作り直すハメになってしまった…… 36

07 行頭の字下げをしたときに微妙に文字がそろわないのはなぜ？ 38

08 1行目のインデントのショートカットキーって
割りあてられていないの？ 40

09 行頭で空白を入力すると自動的に字下げになってしまうのはどうして？ 42

10 行末の文字がそろわない。微妙にデコボコする…… 44

11 箇条書きを作成していると、箇条書きのマークがずれたり、
文字位置が狂ってしまったり、結局そろえることができないのはなぜ？ 45

12 ルーラーでマークを付けるタブの位置、
きっちり「左から15文字目」とか指定できないの？ 48

13 箇条書きのマークが微妙にずれて直せない！ 51

14 文字幅をそろえたいけど、半角・全角のスペースでは調整が効かない…… 54

15 アルファベットや数字が混在して文字数がわからないときはどうするの？ 55

16 行末の選択って難しい……すぐに改行マークまで選択されちゃう！ 58

17 キリトリ線って、どうやって作成するの？ 59

18 契約書の署名欄の文字を右でそろえるにはどうするの？ 61

19 段落番号を設定した行末で改行すると、次の行にも番号がついてしまう……
きちんと2行目で文字をそろえて入力したい！ 63

20 段落番号を設定したい部分をまとめて設定したら、番号が連番になって
しまった……1からふりなおすにはどうすればいいの？ 65

21 行間を広げるとすべての行が広がってしまう…… ……… 67
22 フォントを大きくすると行間が開いてしまうの、どうにかならない？ ……… 69
23 フォントサイズを小さくしても行間が縮まない。
行間を自由に調整することはできないの？ ……… 71
24 段落の最後で次の行にこぼれた文字、1行に収められない？ ……… 73
25 1行だけ2ページ目にはみ出した文章を
1ページに収めるにはどうすればいいの？ ……… 75
26 同じ文書の中で「あそこと同じ書式にしたい！」というときは ……… 77

第3章　表作成をサクサクこなす

Section
01 箇条書きにした内容を表にしたいとき、
全部消して表の挿入から作り直さないといけなくて面倒…… ……… 80
02 表の中で文字をそろえるときに Tab を押すと
カーソルが移動してしまってタブが入れられないのはどうして？ ……… 84
03 表の位置を段落の中央にそろえようとしたら、
表内の文字だけが中央揃えになってしまう！ ……… 85
04 Excel みたいに、行の高さや列の幅を均等にするにはどうするの？ ……… 87
05 表のスタイル一覧にピッタリくるスタイルがない…… ……… 90
06 セル内の文字をうまく配置できない……上下の位置調整はどうするの？ ……… 93
07 表が複数ページにまたがったとき、
行が次のページに飛んじゃって余白が広く空いてしまう！ ……… 95
08 表が複数ページにまたがったとき、
次のページの表の1行目にもタイトルを表示したい！ ……… 97
09 合計や平均の計算が入る表はいつも Excel で作成して
貼り付けているけど、Word では計算はできないの？ ……… 99
10 Excel のように表の並べ替えもしたい！ ……… 102

11 え、じゃあ段落の並べ替えってどうするの? ……………… 104

12 便箋のように罫線が引かれたフォーマットを作成するには
どうすればいいの? ……………………………………………… 107

13 表のセルや列をかんたんに増やしたり減らしたりしたい! ……… 110

第4章　名札、個人名入りのDM、封筒のラベル……差し込み印刷でかんたんに作る

Section

01 個人名入り DM をかんたんに作成するにはどうすればいいの? ……… 114

02 差し込み文書で作成したファイルを開いたら、
エラー表示がされて、データが差し込まれてこない! ……………… 118

03 同じ文書やラベルで異なる住所録を使うには、
もう一度差し込み文書を作成するしかないの? …………………… 119

04 じゃあ、宛名ラベルもかんたんに作成できる? …………………… 121

05 差し込み文書の作成を使うと、
Excel データにあった金額の桁区切りがなくなっちゃう! ………… 125

06 市販のサイズにない大きさで座席カードを作れないの? ………… 128

第5章　長文編集のストレスをなくす

Section

01 契約書を作成しているときに、第1条や段落番号がくずれて、
書式をあわせるのに時間がかかる! ………………………………… 132

02 アウトライン入力はわかったけど、
それがどうして段落番号につながるの? ……………………………… 134

03 第1条の文字サイズを大きく太字にしたいけど、
全部選択して変更するのは面倒…… ………………………………… 139

04 契約書の途中に資料を含んだ場合、資料にはページ番号を入れたくない。
資料のページを飛び越えて連続番号のページ番号を
振ることはできないの? ……… 140

05 目次を自動作成したら、内容が含まれてしまった。
見出しの一部分のみを目次に表示させたい! ……… 145

06 見出しスタイルが設定されていない箇所を
目次に表示することはできないの? ……… 148

07 資料を作成していると図や表がたくさんあり、
「図表の目次がほしい」といわれたけど、そんなことできるの? ……… 150

08 資料の専門用語に脚注をつけたい。
各ページに脚注を作成するにはどうするの? ……… 153

09 本文と脚注の区別がつきにくい…… ……… 155

10 脚注が設定されている場所が探しにくいので、サッと見つけたい! ……… 157

11 マニュアルや論文などの長文作成時に、見出し1ごとに
新しいページにするには、いちいち改ページを入れないとダメ? ……… 158

12 文書内の「SE」の文字をすべて「システムエンジニア」に
変更したいけど、探すのも大変だし、変更漏れがあると困る…… ……… 160

13 太字を設定してしまった部分だけ、まとめて解除できない? ……… 162

14 文書内に含まれる半角の英数字を、まとめて太字に置換したい! ……… 165

第6章 複数の人とのやりとりを変更履歴でスムーズに

Section

01 だれがどこをどう変更したか、いちいち元の文書と
照らしあわせて確認するなんて面倒くさい! ……… 170

02 変更履歴を記録するのを忘れてしまう! ……… 172

03 個人名ではなく部署名で変更履歴を記録するようにいわれたけど、
自分の名前でしか記録できない…… ……… 173

04 変更履歴が記録されていることに気づかず、
　履歴処理をしないままデータを渡してしまって、激怒された…… ……… 176

05 「変更履歴を処理するように」って言われたけど、どうやるの？ ……… 178

第7章　画像や図形を自由自在に使う

Section

01 会社の共有フォルダの使い方をマニュアル化して
　後輩に配布するようにいわれた。
　パソコンの画面をそのまま取り込んでマニュアルを作成したいけど、
　画面ってデジカメで撮るの？ ……… 182

02 ウィンドウ全体ではなく、一部分のみをキャプチャしたい！ ……… 183

03 資料作成時に写真を挿入したら、文書のレイアウトがメチャクチャ…… ……… 185

04 資料の全ページに会社のロゴを透かしで入れたい。
　数十ページある資料だけど、かんたんに挿入する方法はないの？ ……… 191

05 透かしのサイズ変更や移動はどうやるの？
　クリックしても選択できないよ！ ……… 194

06 フローチャートの作成で図形がきれいそろわず、
　時間がかかるばかり。どうすればいい？ ……… 196

07 せっかく作成したフローチャートを移動しようとしたら、
　配置がくずれてしまった。まとめて移動できないの？ ……… 199

08 削除したつもりはないのに、
　図が知らない間になくなってしまうときがある。どうして？ ……… 201

Word ショートカットキー一覧 ……… 204

索引 ……… 208

第 1 章

ほんの数秒で
ストレスが激減する設定のコツ

会社と自宅の Word の設定が異なって操作がしづらい。
いつも使う機能は決まっているので、効率的に操作したい。

そんなご質問がよくあります。まずは、ストレスなく Word を使うための準備をしましょう。

 Section 01

選択時に表示されるミニツールバー、まちがってボタンを押してしまうことが多くてイヤ！

　マウスの近くに表示されるミニツールバーは、すぐに使えて便利だけど、選択しなおす時など、ついついボタンを押して文字が太くなったり、文字が見えなくなったりしてジャマになります。トラブルのもとになるので、いつも非表示になるよう、初期設定を変更しましょう。

❶ ［ファイル］タブ→［オプション］をクリックします。
❷ ［基本設定］から、［選択時にミニツールバーを表示する］のチェックを外します。

⬇ ミニツールバーが非表示に

Section 02

表の編集中にグリッド線がジャマ！

　便箋のように表示されている線は、グリッド線というもの。あると文字の入力範囲がわかりやすくて便利ですが、表の罫線とグリッド線が混乱する時があります。表の編集中は、非表示に切り替えましょう。初期値では非表示になっています。
　［表示］タブ→［表示］グループの［グリッド線］をクリックします。チェックのON／OFFで表示・非表示を切り替えます。

⬇ グリッド線表示

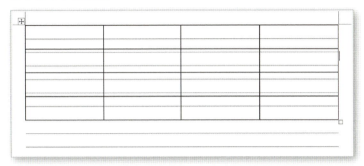

⬇ グリッド線非表示

 Section 02

スペースを入力しているのか、タブやインデントが使われているのか、わかりにくい！

　一見きれいに編集されている文書でも、修正すると、文字があっちに行ったり、変なところで改行されたりして「何これ、どうなってるの？」って時がありますよね。きちんとWordの機能を使って作成されている文書ではあまり起こらないのですが、スペースで文字をそろえた文書などは、うっかりバックスペースで文字を削除するとグショグショになることがあります。こんな編集をしていること自体が、Wordを使えていない証拠なのですけど、人の作った文書に文句は言えませんよね。

　そんなとき、編集記号を表示することで、どこにスペースが入力されているか、どうやって文字をそろえているかなどがすぐにわかります。修正をかける時にとても便利です。

　編集記号の表示・非表示は切り替えることができるので、必要に応じて切り替えましょう。

　［ホーム］タブ→［段落］グループの［編集記号の表示］をクリックします。

⊕ 編集記号が非表示の文書

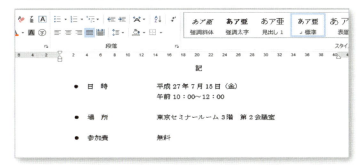

⊕ 編集記号が表示された文書

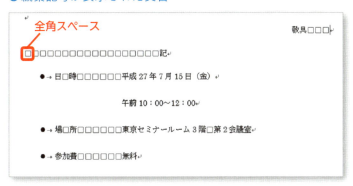

Section 04

1行に何文字入力できるか、
文字間は何文字あいてるか、
どうすればかんたんにわかる？

　用紙とリボンの間に表示される文字位置を表す目盛りを「ルーラー」といいます。Wordの初期値では非表示になっているので、パソコンが変わると非表示のケースがあります。環境が変わっても、自分が使いやすいようにWordの設定を変更できるようにしておくといいですよ。ルーラーには、インデントやタブなどの段落の設定が反映されるので、常に表示するようにしておきましょう。

　［表示］タブ→［表示］グループの［ルーラー］にチェックを入れます。

Section 05

あっちのタブ、こっちのタブと切り替えるのが面倒……

　タブを切り替える作業は、意外に多いもの。常に行う作業に手間がかかるのは、ストレスの元です。

　そこでおすすめなのが、クイックアクセスツールバーを活用すること。［クイックアクセスツールバーのユーザー設定］ボタンをクリックすると、追加したい機能の一覧が表示されます。

　チェックを入れると、ボタンが追加表示されます。［印刷プレビューと印刷］は必ず表示したいボタンです。

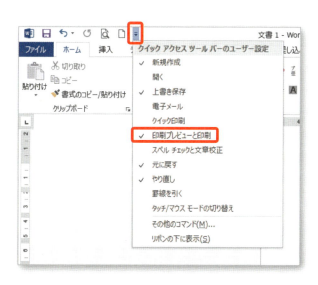

Section 06

一部の機能しか
クイックアクセスツールバーに
追加できないの？

　たしかに、一部の機能しかクイックアクセスツールバーに追加できないのでは、便利さが感じられませんね。安心してください、Wordのすべての機能をクイックアクセスツールバーに追加表示することができますよ。

❶ [クイックアクセスツールバーのユーザー設定] ボタンをクリックし、一覧から [その他のコマンド] をクリックすると、Wordのオプション画面が開きます。
❷ [コマンドの選択] の一覧から [すべてのコマンド] をクリックします。
❸ 追加したいコマンドを選択し、[追加] ボタンをクリックします。
❹ [OK] をクリックして、ウィンドウを閉じます。

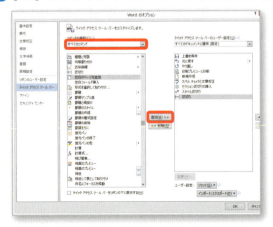

# Section 07

クイックアクセスツールバーに
ボタンが増えすぎて、
文書のタイトルが見にくくなった！

　タイトルバーが見えなくなるほど多くのボタンを登録してしまうと、かえって不便ですね。クイックアクセスツールバーの位置をリボンの下に移動して、領域を広げましょう。

❶ ［クイックアクセスツールバーのユーザー設定］ボタンをクリックします。
❷ 表示される一覧から、［リボンの下に表示］をクリックします。

⬇ リボンの上に表示

⬇ リボンの下に表示

Section 08

クイックアクセスツールバーのボタン、何をするものなのかわかりやすくならない？

クイックアクセスツールバーのボタンが増えると、どのボタンが何をするボタンかわかりにくくなりますし、ボタンを探すのが大変。それではクイックアクセスツールバーが"クイック"じゃなくなりますね。

そこで、自分専用のタブを追加して、ボタンにボタン名を表示させましょう。タブに追加したボタンはグループ分けができます。

❶ [ファイル] タブから [オプション] クリックします。
❷ 左側のメニューから [リボンのユーザー設定] をクリックします。
❸ 右側のメニューから [表示] をクリックし、[新しいタブ] をクリックします。

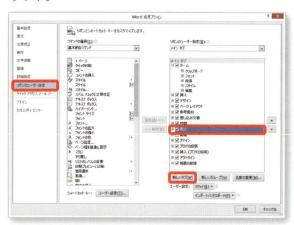

❹ [新しいタブ（ユーザー設定）] が追加されます。
❺ グループ名が選択されているので、[新しいタブ（ユーザー設定）] をクリックして選択します。
❻ [名前の変更] ボタンをクリックし、[表示名] の欄にタブの名前（ここでは自分の氏名）を入力し、[OK] をクリックします。

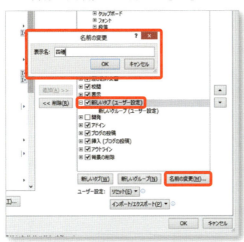

❼ コマンドボタンはグループの中に登録するので、[新しいグループ（ユーザー設定）] をクリックして選択します。
❽ 左側から追加したいコマンドを選択し、[追加] ボタンをクリックします。

❾ [OK] ボタンで Word のオプション画面を閉じると、タブに自分の名前が追加され、ボタンが登録されます。

　グループごとに分類して登録する場合は、［新しいグループ（ユーザー設定）］を選択し、名前の変更を行いましょう。新しいグループをクリックしてグループを追加することができます。

⬇ グループの作成

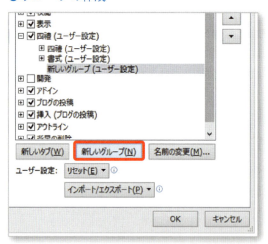

⬇ タブの完成例

Section 09

印刷した後に、
ページの順番がわからなくなっちゃう……

　数ページある配布用の書類を印刷した時など、「うっかり同じページを綴じちゃった！」なんてミスしたことありませんか？

　文書を作成するときには、ページ数が増えてもすぐにわかるように、ページ設定と同時にページ番号も挿入しておくといいですよ。

❶ [挿入] タブをクリックし、[ヘッダーとフッター] グループの [ページ番号] をクリックします。

❷ [ページの下部] をクリックして、一覧から選択します。

第2章

5分で文書作成を
終わらせるための基本

　ビジネス文書や契約書、就業規則を作成しているときに、どうしてもうまく文字がそろわなくて時間がかかったり、ページ番号がうまく設定できなかったりして困ること、ありませんか？
　前任者から受け継いだデータを見せてもらうと、はっきりいってヒドイ！　一見きれいに作成できているようですが、ちょっと文章を直すとすべての配置が狂う……そんな書類が会社にあふれていたりします。
　だれが修正しても文書のレイアウトが崩れない書類を作成することが大切です。A4の案内状は5分以内で編集できるようにしましょう。

 Section 01

1行目に題名を入力して改行すると、2行目が大きな文字になったり下線が引かれたりして、普通の文字が入力できない！

　1行入力したら、フォントサイズを変更したり配置を設定したりと書式設定を行ってから、次の行へと改行する……そんなやり方をしていませんか？

　1行目の書式が引きずられ、フォントサイズや配置、文字サイズを戻してから入力することとなってしまい、効率が悪いですね。

⦿改行すると1行目の書式が引きずられてしまう

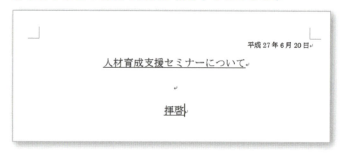

そんなわずらわしさは、すべての内容を入力してから書式を設定すればなくなります。
　「ベタ打ち」といわれますが、文字をそろえるための空白を入れないですべての文字を入力してください。

⬇ベタ打ち

```
平成27年6月20日
人材育成支援セミナーについて

様

株式会社□フォーティ
人事部□吉野□桜

拝啓
時下ますますご清祥の段、お喜び申し上げます。平素は格別のお引き立てにあずかり、厚く御礼申し上げます。
さて、弊社では、新社会人の方々に向けた「ビジネスマナー研修」を提供させていただくこととなりました。つきましては、下記日程にて説明会を開催いたしますので、ぜひ□様にご参加いただき、弊社のセミナーを御社の社員研修に取り入れていただければと思います。

　　　　　　　　　　　　　　　　　　　　　　　　　　　　　敬具
　　　　　　　　　　　　　　　記
日時平成27年7月15日（金）午前10：00～12：00
場所東京セミナールーム3階□第2会議室
参加費無料
```

ポイントは、Wordでの「段落」のとらえ方を理解することです。なぜなら、ビジネス文書の編集では段落単位での設定がほとんどだからです。
　Wordでは、Enterキーを押して改行した箇所までを「段落」ととらえます。Enterキーを押すことは、「段落」を切ってしまうことになるので、行末や文章の途中ではEnterキーを押さないようにしましょう。私はいつも、「文章では"。"のないところではEnterキーを押さない！」と言っています。
　入力を済ませたら、1行改行をしておきましょう。そうすれば、文章を追加する場合でも、段落に設定された書式を引きずらずに作業を進めることができます。

⬇改行しておけば書式を引きずらない

Section 02

文字を選択しようと思ってドラッグしたら、いつの間にか文字が入れ替わったりなくなったりして困る……

途中までドラッグして選択し、「あら、いけない！」と続きをドラッグしたら、文字がどっかいっちゃった……せっかちな方に多いですね。ドラッグでは、マウスを離したらそれで1つの操作が終わったことになるので、再度続きを選択しようとドラッグすると、選択した「範囲を移動」という操作になってしまいます。

⊕選択した範囲が移動してしまう

ドラッグというのは、「任意の」という操作です。そして、途中で失敗したら、必ずもう一度やり直しする必要があります。
　文字入力が終わったベタ打ちの書類では、「どの文字を、どの行を、どの段落を編集したいのか？」を選択することが最初の作業です。効率的な選択方法を使うことで、ミスを防ぎ、作業時間を短縮することができます。

- 単語の選択 ⇨ 選択したい単語上でダブルクリック
- 行の選択 ⇨ 選択したい行の左余白で（白矢印の状態）クリック
- 段落の選択 ⇨ 選択したい段落の左余白で（白矢印の状態）ダブルクリック
- 「。」までの1文の選択 ⇨ Ctrl を押したまま文内をクリック
- 文書全体の選択 ⇨ 左余白でトリプルクリック

　それ以外は、すべてドラッグです。

- 任意の文字数 ⇨ 文字をドラッグ
- 複数行（複数段落）⇨ 左余白で縦にドラッグ

Section 03

「この単語とこの単語」「この行とこの行」のように離れた箇所を選ぶには？

複数の箇所に同じ命令をしたい場合は、「まとめて選択して、命令は1回」にできると便利ですね。「ここここ」と離れた箇所を選択したい場合は、2箇所め以降を「Ctrlキーを押しながら」選択します。その時、Ctrlキーを押しながら、行選択、単語選択などきちんと選択しましょう。

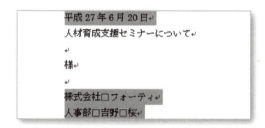

「箇条書きの左側の部分だけ」のようにブロック選択するには、「Altキーを押しながら」選択します。

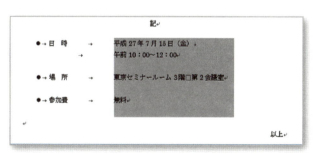

 Section 04

選択をまちがっちゃった！どう解除する？

　選択を解除する時に、左側の余白をクリックして、「あれ、あれ」と常に行選択になっちゃうことがあります。左余白はクリックすると行を選択してしまうので、右余白をクリックしてください。選択が解除されます。ドラッグの選択ミスは、必ず解除してからやり直します。

　離れた場所の選択ミスは、Ctrlキーを押しながら、選択解除したい文字（行）をクリックしてください。

⊕ 選択と解除

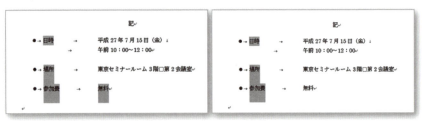

たかが選択、されど選択。

最初の「選ぶ」という作業をしっかりと行いましょう。

Section 05

数十行を選択するときに、左余白をドラッグしていたら途中で失敗してしまう。もっとかんたんに広範囲を選択する方法はないの？

　特にページがまたがっていたりすると、選択しすぎたり、足りなかったりと、イライラしますよね。ちょっとしたことだけど、ストレスがたまりがちなところです。

　そんなときは、選択したい先頭にカーソルを置き、選択したい範囲の最後を「Shiftキーを押しながら」クリックすると、連続範囲指定ができますよ。画面を縮小して、広範囲を選択すると、一発で選択できちゃいます。

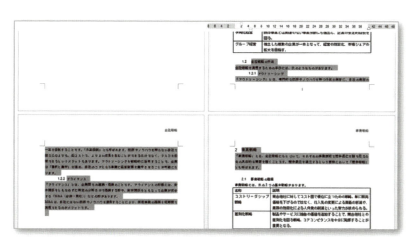

Section 06

ほかの人が作成した書類を変更して使おうと思ったら、書式が崩れてメチャクチャ！作り直すハメになってしまった……

あるある！ってところです。自分の作った書類がそんなことのないようにしておきたいですが、仕方ないですね。再編集しやすいように、ベタ打ちに戻しましょう。文書全体の書式を一気に解除して、無用な空白も削除します。

❶ 左側の余白をトリプルクリックして、文書全体を選択します。
❷ Ctrl + H で［置換］を呼び出します。
❸ 置換する文字列に全角スペースを1つ入力し、置換後の文字列は空白にします。

❹ ［すべて置換］をクリックすると、文書内のスペースがすべて削除されます。

❺ そのまま［ホーム］タブ→［フォント］グループの［書式のクリア］を使って、すべての書式を削除します。

Point よく使うショートカットキー

　同じ設定を何度も繰り返していては時間の無駄です。効率よく選択して、一度に設定してしまいましょう。また、基本的なよく使う機能は、ショートカットキーで処理をしましょう。

- 選択した文字の書式のクリア ⇨ Ctrl + Space
- 選択範囲すべての書式のクリア ⇨ Ctrl + Space + Q
- 右揃えにしたい箇所 ⇨ まとめて選択し、Ctrl + R
- 中央揃えにしたい箇所 ⇨ まとめて選択し、Ctrl + E
- フォントサイズの変更 ⇨ Ctrl + Shift + >（大きく）・<（小さく） ※2pt単位
- フォントサイズの変更 ⇨ Ctrl +]（大きく）・[（小さく） ※1pt単位
- 直前の操作の繰り返し ⇨ F4
- 左インデント ⇨ Ctrl + M ／（解除：Ctrl + Shift + M）
- 書式のコピー ⇨ Ctrl + Shift + C
- 書式の貼り付け ⇨ Ctrl + Shift + V
- 文字の均等割り付け ⇨ Ctrl + Shift + J

Section 07

行頭の字下げをしたときに微妙に文字がそろわないのはなぜ？

　行頭や行末がちょっとずれている！　意外とそんなところの調整で時間がかかってしまうことがありますよね。段落の頭を1文字分字下げしたいときにスペースを入力すると、フォントの種類によっては微妙にそろわないケースがあります。また、字下げを忘れてしまう段落もあったりします。入力時はスペースを入れないで、まとめて設定を行いましょう。

　文章の各段落の文字を1文字字下げするには、1行目のインデントを使用します。

① 字下げをしたい段落をすべて選択します。
② ［ホーム］タブ→［段落］グループのダイアログボックス起動ツールボタンをクリックして、［段落］のダイアログボックスを開きます。

❸ インデントの設定で、最初の行を「字下げ」、幅を「1字」に設定し、[OK] をクリックします。

　段落の状態は、ルーラーで確認できます。段落の最初の行を字下げすると、「1行目のインデント」マーカーが移動します。

Section 08

1行目のインデントの
ショートカットキーって
割りあてられていないの？

　長文を作成する方から時々いただく質問です。以前のWordでは[Ctrl]+[T]が1行目のインデントのショートカットキーに使われていましたが、今はぶら下げインデントのショートカットキーになっています。ぶら下げインデントより1行目のインデントのほうが使用頻度が高いと思うのですが、仕方ないですね。自分で、[Ctrl]キー+[T]で1行目のインデントが設定できるように、オリジナルのショートカットキーを作成しましょう。

❶ [ファイル] から [Wordのオプション] を開きます。
❷ [リボンのユーザー設定] をクリックします。
❸ ショートカットキーの [ユーザー設定] をクリックします。

❹ 分類で「すべてのコマンド」を選択します。
❺ コマンドで「IndentFirstChar」を選択します。
❻ [割り当てるキーを押してください] にカーソルを置いて、キーボードの Ctrl + T を押します。

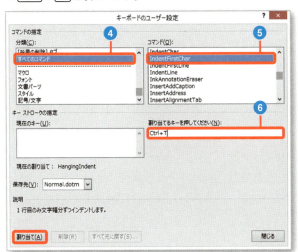

❼ [割り当て] をクリックすると、[現在のキー] に Ctrl + T が表示されます。
❽ すべてのウィンドウを閉じます。

　これで、1行目のインデント（字下げ1文字）にショートカットキーが割り当てられます。

Section 09

行頭で空白を入力すると自動的に字下げになってしまうのはどうして？

　入力時に行頭でスペースを入れてしまうと、Wordのオートコレクトが働き、自動的に1行目のインデントになってしまいます。これは「便利！」と思うか「ウザい！」と思うかですが、自由に変更できますので、設定方法を覚えておくといいですね。オートコレクトを解除する方法は次の手順です。

❶ ［ファイル］タブ→［オプション］をクリックします。
❷ ［文書校正］から［オートコレクトのオプション］ボタンをクリックします。

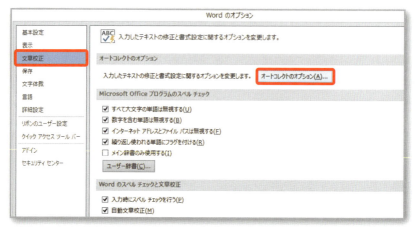

❸ [入力オートフォーマット] タブをクリックします。

❹ 入力中に自動で変更する項目の「行の始まりのスペースを字下げに変更する」のチェックを外します。

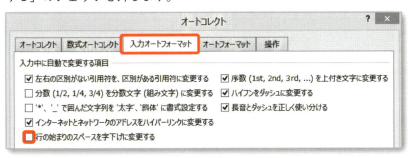

❺ [OK] ボタンですべてのウィンドウを閉じます。

 Section 10

行末の文字がそろわない。
微妙にデコボコする……

「段落の幅は狂いがないのに、行末がそろわない……不思議?」

　これもよくいただく質問です。段落の配置には「左揃え」と「両端揃え」があります。一見どこが違うのかわかりにくいのですが、「左揃え」を使用すると、行末の文字が微妙に狂ってくるのです。
　文章の右端をそろえるには、「両端揃え」の設定にしておきましょう。「両端揃え」に設定しておくと、段落の幅に合わせて文字間隔が調整されます。

⬇ 左揃えの段落

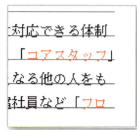

⊕両端揃えの段落

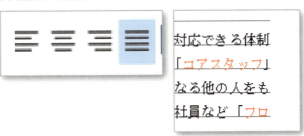

段落内にカーソルがあると、その段落の設定はリボンに反映されています。文字がうまくそろわないときは、リボンのコマンドボタンを確認しましょう。

Section 11

箇条書きを作成していると、箇条書きのマークがずれたり、文字位置が狂ってしまったり、結局そろえることができないのはなぜ？

「タブがうまく使えません」

　Wordの講習を行うと、そうおっしゃる方が多くいらっしゃいます。「タブとインデント」をしっかり理解することで、Wordの書類作成はかなり時間が短縮できますよ。

　ビジネス文書には必ずといっていいほど登場するのが、箇条書きです。段落マークがつき、項目と内容が読みやすくそろっていることが大切ですが、デコボコの箇条書きがなんと多いことでしょう。また、スペースで文字位置を調整しているために、あとから変更が加わるとすべて崩れてしまう書類もよく見かけます。

　職場では、1つの書類を使いまわすケースが多く見られます。だれがどんな手を加えても、書式が乱れない書類を作成しなければなりません。特に箇条書きは、内容をわかりやすく相手に伝えるために作成するのですから、ごちゃごちゃしていては意味がありません。ベストの箇条書きを作成しましょう。

　ここで大切なのは、「そろえたい段落は必ずまとめて選択し、設定する」ことです。

⬇ よく見かけるスペースを使って文字位置を調整した箇条書き

```
                        記
➢→ 日時□□□□□□平成 27 年 10 月 1 日（木）
              午前 10：00〜12：00

➢→ 場所□□□□□□東京セミナールーム 3 階第 2 会議室

➢→ 参加費□□□□□無料
                                     敬具

                                     以上
```

⬇ きちんとタブを使って文字位置を調整した箇条書き

```
                   記
  ➢→ 日  時   →   平成 27 年 10 月 1 日（木）
             →   午前 10：00〜12：00

  ➢→ 場  所   →   東京セミナールーム 3 階第 2 会議室

  ➢→ 参加費   →   無料
                                     以上
```

❶ 箇条書きでそろえたい段落を選択する。

　左余白で白矢印が右を向いた状態（行選択）で、下にドラッグして選択します。

❷ 箇条書きを設定する。

　［ホーム］タブ→［段落］グループの［箇条書き］から、記号を選択します。

❸ 左インデントで段落の位置を決める。

　［ホーム］タブ→［段落］グループの［インデントを増やす］ボタンをクリックして、全体を字下げします。

❹ タブマークを付けて文字間を決める。

ルーラーの数値の下をクリックして、左揃えタブマークを付けます。

ここまでが、箇条書きを設定したい範囲を全選択して行う操作です。

❺ 各段落の文字をタブマークの位置に飛ばす。

飛ばしたい文字の前にカーソルを置き、Tabを押します。

Point タブの秘密

キーボードのTabは「文字を飛ばす」キーです。タブマークを付けないでTabを押すと、ルーラーの4、8、12、16……と4の倍数の位置へ文字が飛んでしまいます。これでは自分がそろえたい位置で文字をそろえることができないので、タブマークを付けるのです。

マーク1個に、Tab1回がセットになります。段落に複数のタブマークを付けて文字をそろえる場合も、1セットで考えましょう。Tabを押しすぎないようにしましょう。

まちがえて付けてしまったタブマークは、ルーラーの下へドラッグして削除してください。

Section 12

ルーラーでマークを付けるタブの位置、きっちり「左から 15 文字目」とか指定できないの？

15 文字目だろうが 15.4 文字目だろうがどうでもいいんだけど、たしかに数値できっちり指定できると、ほかの箇所と合わせやすいですね。数値で指定する方法をご紹介しましょう。

❶ ルーラーをクリックしてタブマークを付けるかわりに、［段落］のダイアログボックス→［タブ設定］をクリックして、［タブとリーダー］のダイアログボックスを開きます。
❷ ［タブ位置］に文字をそろえたい文字数を入力します（ここでは 15）。
❸ ［配置］で「左揃え」がチェックされていることを確認します。
❹ ［リーダー］で「なし」がチェックされていることを確認します。
❺ ［設定］ボタンをクリックします。
❻ ［タブ位置］の下の枠内に設定されたタブ位置が表示されたことを確認します。
❼ ［OK］をクリックします。

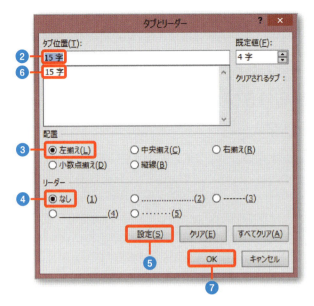

「配置」と「リーダー」の役割は次のとおりです。

- 配置 ⇨ タブで文字を飛ばしたときに右側をそろえる・中央をそろえるなどの設定に使用します。
- リーダー ⇨ タブで文字を飛ばした間に表示する引き出し線を指定します。

Section 13

箇条書きのマークが
微妙にずれて直せない！

　同じ設定は「まとめて選択して、命令は1回！」という、基本操作を守らないと、そんなことになります。そろえたい箇所を選択して一度に設定すれば、そんなトラブルはないはずです。箇条書きを解除して、再度設定すればそろえることができます。

　ここで、箇条書きの仕組みをしっかりと理解しておきましょう。

　箇条書きを設定すると、ルーラーのインデントマーカー動きます。1行目のインデント、ぶら下げインデントは、それぞれ以下を示しています。

- 1行目のインデント ⇨ 箇条書きのマークの位置
- ぶら下げインデント ⇨ 文字の位置

　箇条書きの段落が2行、3行となれば、1行目の文字位置にそろうようになっています。

めんどうなのは、箇条書きとタブで文字をそろえた段落の場合です。

箇条書きが設定されている段落にタブマークを入れて文字をそろえようとすると、2行目以降はぶら下げインデントの位置にそろいます。

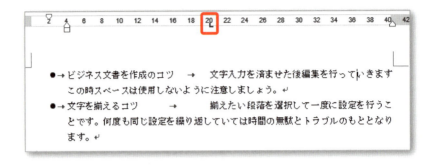

ぶら下げインデントを20文字の位置に移動すると、箇条書きのマークと文字が離れてしまいます。

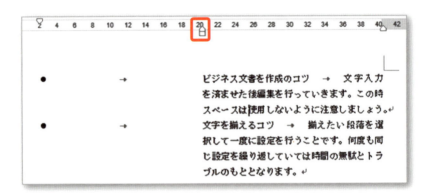

箇条書きを設定すると、自動的にタブの編集記号が挿入されています。本来であれば、箇条書きのマークと文字の間のタブを止めるためのタブマークが必要ですが、ぶら下げインデントがタブを止める役割も果たしています。ぶら下げインデントを20文字の位置に移動することにより、箇条書きのマークのタブが20文字の位置に伸びてしまいます。

1つの段落の中に箇条書きとタブを設定し、文章が複数行になる場合は、

箇条書きのマークと文字の位置を止めるためのタブマークが必要となります。この場合、20文字の位置のぶら下げインデントは、タブマークがなくても文字を止めることとなります。

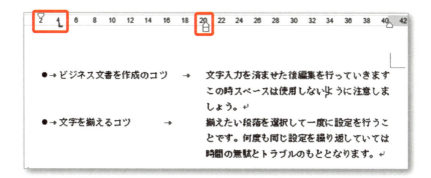

Section 14

文字幅をそろえたいけど、半角・全角のスペースでは調整が効かない……

繰り返し言います。

「文字をそろえるために、Space キーをたたいてはいけません！」

左側の項目の文字数を同じ幅に調整するには、[文字の均等割り付け] ボタンを使います。

❶ 文字幅をそろえたい複数箇所を Ctrl を押しながら選択します。
❷ [ホーム] タブの [段落] グループの [文字の均等割り付け] ボタンをクリックします（Ctrl + Shift + J）。
❸ [新しい文字列の幅] に文字数を入力し、[OK] をクリックします。

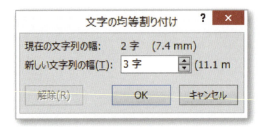

Section 15

アルファベットや数字が混在して文字数がわからないときはどうするの？

　文書にはひらがなやカタカナだけでなく、英単語や数字も入るのがあたりまえですが、そうなると文字数がわからない場合もあります。そういうときは、次のようにしてください。

❶　一番文字幅が広い文字を選択して、［文字の均等割り付け］ボタンをクリックします。

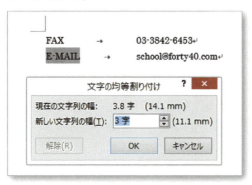

❷［現在の文字数］に表示されている文字幅と同じ数値を、そろえたい文字の割り付け幅に使用します。

これできれいにそろいます。

均等割り付けの秘密

　段落グループの［均等割り付け］ボタンは、本来段落の幅いっぱいに文字を広げる機能です。文字を選択しないでボタンを押すと、1行の幅に文字が均等に配置されます。

　文字を選択しておくことで［文字の均等割り付け］の機能が働き、指定した文字の幅に広げることができます。

　ここでも、単語の選択が重要になります。特に、右揃えの文字をそろえるときは注意が必要です。

たとえば、会社名と氏名の文字幅をそろえてみましょう。

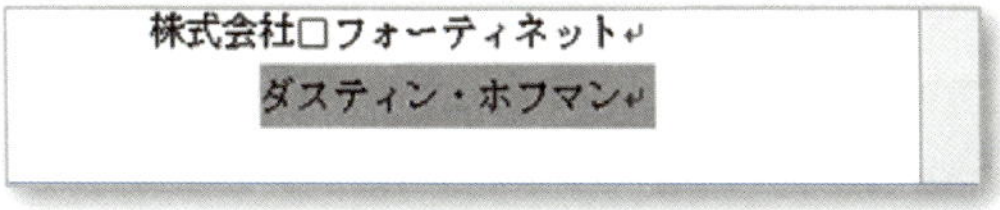

この状態で段落を選択して均等割り付けボタンを押すと、段落の均等割り付けになってしまいます。

そこで、文字の均等割り付けでは改行マークを省いて選択します。コツは、一度全体を選択してから、戻る形で段落記号を選択範囲から省くことです。

⊕改行マークを省いて選択

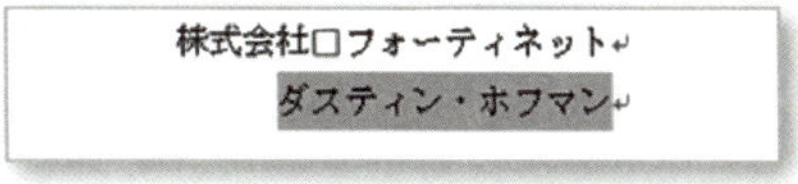

⊕きちんと文字幅がそろった

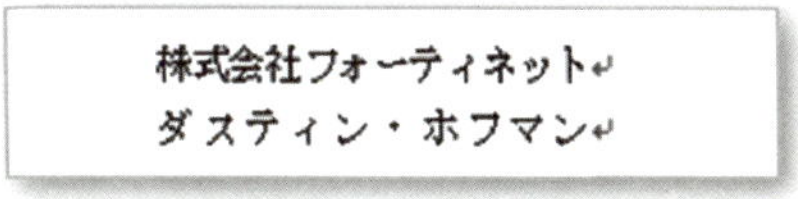

 Section 16

行末の選択って難しい……
すぐに改行マークまで選択されちゃう！

「改行マークを選択しないように」って、慎重にドラッグすればするほど、うまくいかないですね。「え〜い！」って全部右まで選択してから、Shift + ← で1字戻ってくるといいですよ。

もしくは、Wordの設定を変更して、改行マークを一緒に選択しないようにすることもできます。

❶ ［ファイル］タブ→［オプション］→［詳細設定］をクリックします。
❷ ［編集］オプションの［段落の選択範囲を自動的に調整する］のチェックを外します。

❸ ［OK］ボタンをクリックして閉じます。

 Section 17

キリトリ線って、どうやって作成するの？

　参加申込書とか委任状など、書類の一部を切り取って提出する文書に使われるキリトリ線ですね。

　「キリトリ」の文字が左右に寄っているキリトリ線はかっこ悪い！

　キリトリ線の長さが左右違うのもかっこ悪い！

　綺麗なキリトリ線を作成しましょう。

　まず、ルーラーを見て、1行の文字数がいくつになっているのか確認してください。40文字であれば、ちょうど真ん中の20文字に中央揃えのタブ、40文字に右揃えのタブを設定します（［段落］のダイアログボックス→［タブ設定］をクリックして出てくる［タブとリーダー］のダイアログボックスにて）。両方とも同じリーダーを設定しておきましょう。

あとは、「キリトリ」の前後にタブを入れます。

⊕20 文字に中央揃え、リーダー（5）+40 文字に右揃え、リーダー（5）を利用したキリトリ線

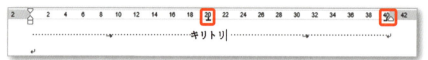

タブとリーダーを使わないで、均等割り付けを使ってキリトリ線を作成する方法もあります。うまく活用すると、きれいなキリトリ線が作成できますよ。

「キリトリ」の前後に同じ数の「・・・」（中黒）を入力して、均等割り付けボタンをクリックします。

Section 18

契約書の署名欄の文字を右でそろえるにはどうするの？

　スペースを使ってそろえると、名前を変更したら文字がずれて……となりますね。とにかく、文字をそろえるためにスペースを使うのはやめましょう！

　あとから文字数が変わっても配置が狂わないように、右揃えのタブを利用します。

❶ そろえたい2行を行選択して、インデントで字下げをします。
❷ 段落の文字数をルーラーで確認します。ここでは、行末40文字でそろうように、右揃えタブを40文字に設定します。

❸ 会社名・氏名の前でタブを入れます。

⬇左インデント 20 文字、右揃えタブ 40 文字に設定した例

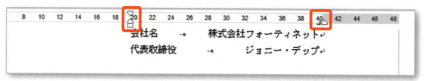

Section 19

段落番号を設定した行末で改行すると、次の行にも番号がついてしまう……きちんと2行目で文字をそろえて入力したい！

　自動で段落番号が振られるのは、項目を追加するときには便利ですが、内容を入力するときにてこずりますよね。これは、段落の書式を引きずって改行されるせいです。段落番号を解除しても、行間が開いたり、文字が左によってしまったりと、文字位置がそろわなくなります。インデントを設定しても、うまくそろわなくてイライラしますね。

　箇条書きのマークや段落記号は、1つの段落に1つの設定になっています。同じ段落で2行目を入力したい場合は、改行ではなく、文字区切りを使います。Enterで改行するのではなく、Shift + Enterで段落を区切らない改行になるのです。

①→ビジネスマナー研修について
②→
③→OA研修について
④→スキルアップ研修にいて
⑤→マネージメント研修について

こうすると、ぶら下げインデントが働き、2行目の文字が1行目にそろいます。

①→ビジネスマナー研修について↓
②→OA研修について↵
③→スキルアップ研修にいて↵
④→マネージメント研修について↵

Section 20

段落番号を設定したい部分を まとめて設定したら、 番号が連番になってしまった…… 1からふりなおすにはどうすればいいの？

「せっかくまとめて設定したのに！」って感じですね。段落番号をまとめて設定した箇所には、連続番号がふられます。段落が離れていた場合も、連続番号になってしまいます。でも大丈夫。段落番号は1からふりなおすことができます。

❶ 段落番号を振りなおしたい段落の番号の部分を右クリックします。

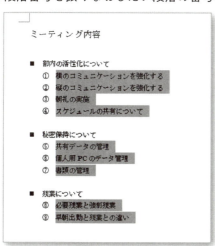

❷「①から再開」をクリックすると、新しく1から番号がふりなおされます。

逆に、連続番号にしたい場合は、右クリックのメニューから「自動的に番号を振る」をクリックすると、前の番号の連番になります。

Section 21

行間を広げるとすべての行が広がってしまう……

[ホーム]タブの[段落]グループの[行と段落の間隔]ボタンを使うと、かんたんに行間を広げることができて便利です。このボタンでは、等間隔の行間だけではなく、段落の前後の間隔を調整することもできます。文書をブロックに分ける時に活用しましょう。

❶ 行間を広げたい段落のみを選択します。
❷ [ホーム]タブ→[段落]グループの[行と段落の間隔]ボタンから[段落後に間隔を追加]をクリックします。

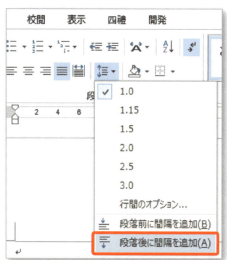

> 企業が自社を取り巻くあらゆる変化に適応しながら、他社より優位に立って事業を推進していくためには、企業としての明確な目的および「企業理念」を定めると同時に、その達成に向けた明確な「経営戦略」が必要となります。
>
> 経営戦略とは、企業が持続的な成長を目指し、中長期的な視点で描く将来的な構想のことです。競合他社と差別化された独自の価値を提供し、競争優位を勝ち取るための戦略である必要があります。そのため、競合他社のベストプラクティスを見つけ出し、ベンチマーキングを行うプロセスが重要です。
>
> 経営戦略は、トップマネジメントと呼ばれる経営者を中心に、次のような流れで策定していきます。

　こういった場合も、各段落の後に１行改行を入れていては時間がかかってしまいますね。また、広がりすぎたり狭すぎたりするケースも出てきます。

　段落前後の行間は、[段落]のダイアログから調整できます。

```
間隔
段落前(B):  0 行      行間(N):    １行        間隔(A):
段落後(F):  12pt                              
□ 同じスタイルの場合は段落間にスペースを追加しない(C)
```

Section 22

フォントを大きくすると行間が開いてしまうの、どうにかならない？

　そうそう、フォントを大きくすると、どんどん行間が開いていっちゃいますね。それも、12Ptまでは広がらないけど、14Ptになると急に行間が開いて困るときがあります。フォントサイズを大きくしても行間が開かないように設定しておきましょう。

❶ [段落] のダイアログボックス→ [インデントと行間隔] タブを表示します。
❷ [間隔] の「1ページの行数を指定時に文字を行グリッド線に合わせる」のチェックを OFF にします。

フォントサイズを 14Pt にすると、文字サイズに合わせて行間が広がります。

来月のセミナー予定
参加希望者は、人事課へお申し込みください。

「1 ページの行数を指定時に文字を行グリッド線に合わせる」のチェックを OFF にすると、広がりません。

来月のセミナー予定
参加希望者は、人事課へお申し込みください。

Section 23

フォントサイズを小さくしても行間が縮まない。
行間を自由に調整することはできないの？

「限られたスペースに、どうしてもこの文章を収めたい！」
「フォントサイズを小さくしたのに、行間が広くて何？」

そんなことってとありますよね。
　フォントサイズが大きくても小さくても自由に行間を調整するには、行間の「固定値」を使いましょう。

❶ [段落] のダイアログボックス→ [インデントと行間隔] タブを表示します。
❷ [間隔] の [行間] で「固定値」を選択して、何ポイントの行間にしたいか、数値を決めます。

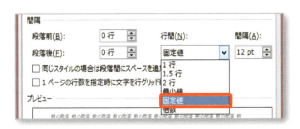

文字サイズが 9Pt だったら、＋ 2Pt くらいがちょうどいいですよ。
　文字サイズより小さな数値を指定すると文字が欠けるし、同じだとピッタリくっついて読みにくくなります。

⊕9Pt の文字：通常の行間の場合

> ※→セミナーお申し込みの際には、必ず各課の課長許可をお取りください。申込書に課長の夏印がない場合は参加をご遠慮いただくこととなります。また、研修参加の際には、時間厳守にてお願いいたします。開始後の入室はできませんのでご了承ください。

⊕9Pt の文字：行間を 11Pt に変更した場合

> ※→セミナーお申し込みの際には、必ず各課の課長許可をお取りください。申込書に課長の夏印がない場合は参加をご遠慮いただくこととなります。また、研修参加の際には、時間厳守にてお願いいたします。開始後の入室はできませんのでご了承ください。

Section 24

段落の最後で次の行にこぼれた文字、1行に収められない？

　ひらがなを漢字に変換してみたり、句読点を減らしてみたりと、どうにか1行に収めようとした経験はありませんか？
　そんなことしなくても、文字と文字の間隔を詰めて、1行に収めることができますよ。

❶［ホーム］タブから［フォント］のダイアログボックスを表示させます。

❷[詳細設定] タブの [文字間隔] を「狭く」に変更します。

　ただ、「狭く」だとかなり文字間隔が詰まってしまうので、間隔のポイントを指定しましょう。

 Section 25

1行だけ2ページ目にはみ出した文章を1ページに収めるにはどうすればいいの？

　1文字次の行にはみ出すのと同じように、1行次のページにはみ出して、レイアウトがうまくいかないこともありますね。

　はみ出した1行を1ページに収めるには、2つの方法があります。

- 余白を狭くして、文章の領域を広げる
- 1ページの行数を変更する

　余白の設定を変更したくない場合は、1ページの行数を1行増やしましょう。

❶ ［ページレイアウト］（Word 2016 では［レイアウト］）タブから［ページ設定］ダイアログボックスボックスを表示します。

❷ [文字数と行数] タブの [行数] の [行数] を 1 行増やします。

 こうすると、微妙に行間隔が狭まりますが、違和感なく 1 ページに収めることができます。

⤓1 行はみ出していたのが

⤓1 ページに収まる

 Section 26

同じ文書の中で
「あそこと同じ書式にしたい！」というときは

　書式の情報はリボンに反映されているので、［ホーム］タブを開くとわかります。

　でも、ひとつひとつ設定していては時間もかかるし、何が設定されているか調べる必要があって面倒ですね。
　書式すべてを同じにするには、書式のコピーを使うといいですよ。

❶ コピーしたい書式が設定されている箇所を選択します。

❷ [ホーム] タブ→ [クリップボード] グループから [書式のコピー/貼り付け] ボタンをクリックします。

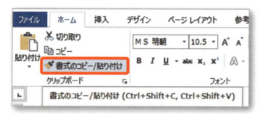

❸ 同じ書式にしたい箇所を選択します。

　ただ、[書式のコピー/貼り付け] ボタンは、1回クリックすると1箇所にしか使えません。複数箇所を同じにしたいときは、ダブルクリックしましょう。

　書式のコピーが終わったら、必ず ESC キーで解除することも忘れないでください。そのときも、単語なのか、段落なのか、きちんと選択しましょう。

第3章

表作成をサクサクこなす

　表を作成する時に「Wordで作る？　それでもExcelで作る？」と悩む人。
　「表はExcelでしょ！」となんでもExcelで作っちゃう人。
　作成する表によっては、Wordの中ですませてしまったほうが効率的です。Wordでの表作成のコツを覚えましょう。

Section 01

箇条書きにした内容を表にしたいとき、全部消して表の挿入から作り直さないといけなくて面倒……

　せっかく入力した内容は、わざわざ削除しなくても大丈夫ですよ。箇条書きの部分を表に変換することができます。ベタ打ちの時に、あらかじめ表にしたいとわかっている段落は、列の分け目にTabキーをたたいておけば、そのまま表に変換することもできます。つまり、

　「箇条書きで作成できる内容は、表でも図形でも表現できる」

ということ。どういう表現が一番伝わりやすいかを考えて、使い分けましょう。
　文字が多い文書の中では、箇条書きより表のほうがすっきりとわかりやすい場合があります。箇条書きの部分を、1列目を項目、2列目を内容とした表に変換しましょう。

❶ 表に変換したい段落を選択します。このとき、箇条書きのマークは解除しておきましょう。

❷ [挿入] タブ→ [表] から [文字列を表にする] をクリックします。

❸ [文字列を表にする] 画面が開くので、[文字列の区切り] で [タブ] をチェックします。

タブの編集記号は列区切り、改行マークは行区切りとして変換されます。

❹ 行数・列数を確認して [OK] をクリックします。

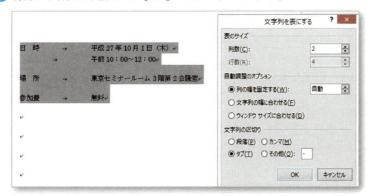

すると、表が作成されます。

日　時	平成 27 年 10 月 1 日（木）
	午前 10：00～12：00
場　所	東京セミナールーム 3 階第 2 会議室
参加費	無料

あとはセルを結合して表を整えましょう。

❶ 1 列目の 1 行目と 2 行目を選択します。
❷ ［表ツール］タブ→［レイアウト］タブ→［結合］グループから［セルの結合］をクリックします。

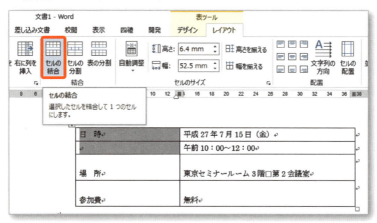

❸ 選択していた 2 つのセルが 1 つに結合されます。

日　時	平成 27 年 7 月 15 日（金）
	午前 10：00～12：00
場　所	東京セミナールーム 3 階□第 2 会議室
参加費	無料

❹ 同じように、2 列目の 1 行目と 2 行目も結合します。

日　時	平成 27 年 10 月 1 日（木） 午前 10：00～12：00
場　所	東京セミナールーム 3 階第 2 会議室
参加費	無料

Section 02

表の中で文字をそろえるときに Tab を押すとカーソルが移動してしまってタブが入れられないのはどうして？

　そうなんです。せっかくタブ位置を設定したのに、Tab をたたいたら、カーソルが次のセルに飛んじゃうんですよね。表では Tab を押すと入力セルの移動になるのです。

　表内でも段落と同じようにタブの機能を使うには、Tab を押すときに Ctrl キーも一緒に押しましょう。

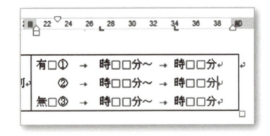

Section 03

表の位置を段落の中央にそろえようとしたら、表内の文字だけが中央揃えになってしまう！

　せっかく配置した文字が全部セルの中央によってしまって、あらら……ですね。
　表も選択の仕方が大切です。表の外にある改行マークも同時に選ぶことで、段落の選択になります。表全体を選択するには、表の左上に表示される［表の選択］ボタンをクリックします（または、左余白で行選択）。

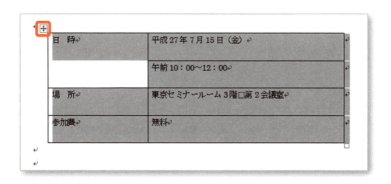

　不思議なことに、この［表の選択］ボタンは、マウスを表の中から左上に移動させないと表示されないので注意しましょう。
　表内の文字のみを選択する場合は、表の外の改行マークは選択しないようにしましょう。表の内容のみを選択するには、列選択がラクです。

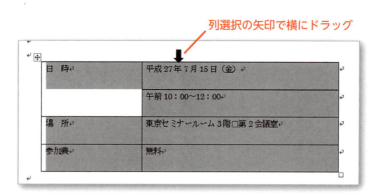

Section 04

Excelみたいに、
行の高さや列の幅を均等にするには
どうするの？

　次の表を見てください。行の高さや列の幅も乱れているし、文字の配置もメチャメチャですね。

番号	タイトル	価格	発行部数
1	箱根の旅	1200	7000
2	伊豆の旅	1600	8000
3	鎌倉の旅	1000	6500
4	修善寺の旅	1200	5000
5	熱海の宿	800	6000

　行の高さや、列の幅がそろっていることは大切です。こんな表を作成していては、恥をかきます。
　Wordに限らず、表で一番目につくのは、以下の2点です。

- 行の高さ・列の幅が必要に応じてきちんとそろっているか？
- 文字はきれいに配置されているか？

　表を作成するときは、特に注意してください。

Wordの表は、全体の大きさに対して均等に分割されるので、最初に表全体のサイズを決めましょう。

❶ 表の底辺をドラッグして、全体の大きさを決めます。

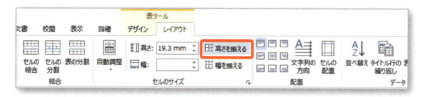

❷ 表全体を選択します。
❸ ［表ツール］→［レイアウト］タブ→［セルのサイズ］グループから「高さを揃える」をクリックします。

❹ 選択していた表の高さが等分割されて、同じ高さになります。

番号	タイトル	価格	発行部数
1	箱根の旅	1200	7000
2	伊豆の旅	1600	8000
3	鎌倉の旅	1000	6500
4	修善寺の旅	1200	5000
5	熱海の宿	800	6000

表の列幅も、同じ方法で均等にできます。

番号	タイトル	価格	発行部数
1	箱根の旅	1200	7000
2	伊豆の旅	1600	8000
3	鎌倉の旅	1000	6500
4	修善寺の旅	1200	5000
5	熱海の宿	800	6000

Section 05

表のスタイル一覧に
ピッタリくるスタイルがない……

　スタイルを使うと、かんたんにきれいな表が作成できて便利ですよね。でも、表のスタイルは、タイトル行・タイトル列を強調したスタイルや縞模様のスタイルが設定されているので、作りたい表にピッタリのスタイルがないときもあります。その場合は、カスタマイズしましょう。

　1列が太字、全体が縞模様のスタイルを解除したい場合は、［表ツール］→［レイアウト］タブ→［表スタイルのオプション］グループの「最初の列」「縞模様」のチェックを外します。

表のオプションの秘密

表のオプションを利用して、オリジナルのデザインを作成しましょう。

[表ツール]→[レイアウト]タブ→[表]グループの[プロパティ]→[表のプロパティ]の[表]タブ→[オプション]から「セルの間隔を指定する」にチェックを入れ、サイズを指定します。

表に枠が表示され、オリジナルのデザインになりますよ。図形を使用しなくてもかんたんに作成できます。

⊙0.5mmの枠を設定

⊙2.0mmの枠と塗りつぶしを設定

Section 06

セル内の文字をうまく配置できない……
上下の位置調整はどうするの？

　行・列のサイズがそろっていることと同じように、文字の位置も重要になりますね。スタイルには、セルの塗りつぶしの色・罫線や文字の書式のほかに、文字の配置も含まれています。スタイルの設定を行った後に、文字の配置を整えるようにすると効率的です。

　通常の段落のように、左右・中央揃えのボタンでは高さの調整ができないので、[表ツール]タブから配置を設定します。

　リボンの[表ツール]は、表内にカーソルがないと表示されないので、必ずそろえたいセルを選択しておいてください。

❶ [表ツール]→[レイアウト]タブ→[配置]グループの「中央揃え」をクリックします。

　セル内のどこに配置したいのか、9つの配置のボタンから選択します。数値は桁がそろうように、右揃えにしましょう。

行・列・文字配置の乱れがないように、表を編集しましょう。

⊕ 完成例

Section 07

表が複数ページにまたがったとき、行が次のページに飛んじゃって余白が広く空いてしまう！

　そうなんです。異常にページの下が空いてしまって、どうしても表が入らないときがあります。1行の内容がページに入りきらないとその行から次のページに移動して、表が分割されてしまうのです。表の分割を行わない設定に変更しましょう。

❶ ［表ツール］→［レイアウト］タブ→［表］グループから［プロパティ］をクリックします。
❷ ［表のプロパティ］のダイアログボックスから［行］タブをクリックします。
❸ 「行の途中で改ページする」にチェックを入れます。

1ページに収まらない表

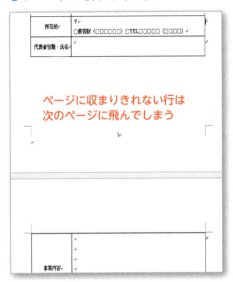

行が2ページにまたがった表

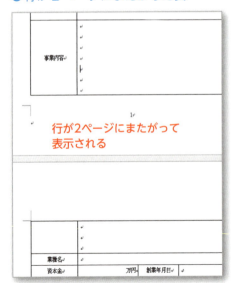

Section 08

表が複数ページにまたがったとき、次のページの表の1行目にもタイトルを表示したい！

　印刷したときだけではなく、作業中も、タイトル行が見えなくて不便を感じるときがありますよね。でも、表の1行目のタイトルは自動的に表示することができるから、大丈夫！

　［表ツール］→［レイアウト］タブ→［データ］グループの「タイトル行の繰り返し」にチェックを入れます。こうしておくと、表の編集時や印刷時にタイトル行が自動表示されて便利です。

⬇2ページ目にタイトルがない表

2ページ目の表には
タイトルがない

⬇ すべてのページにタイトルが表示された表

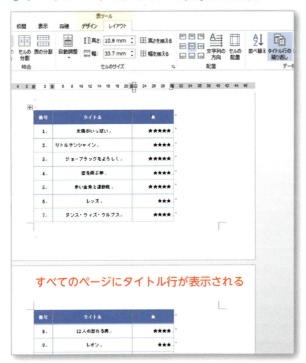

Section 09

合計や平均の計算が入る表はいつもExcelで作成して貼り付けているけど、Wordでは計算はできないの？

　意外と知らない方が多いのですが、Wordの表でも関数を使って計算することができるんですよ。小さな表の場合、わざわざExcelで作成して貼り付けるよりもかんたんです。

日付	商品名	単価	個数	金額
4/1	パソコン	49,800	5	249,000
4/2	タブレット	19,800	2	39,600
		総額		¥189,000

❶ 金額を表示したいセルにカーソルを置きます。
❷ ［表ツール］タブ→［レイアウト］タブ→［データ］グループの［計算式］をクリックします。

❸ 計算式に入力されている内容を削除し、以下のように手入力します。

⤵ 金額の計算式は、[表示形式] から、桁区切りのスタイル（#,##0）を選択し、[OK] をクリックします（列は A、B、C……、行は 1、2、3……と数える）。

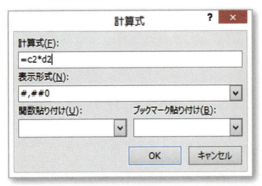

⤵ 総額の計算式は、[表示形式] から通貨記号のスタイル）(\#,##0;(\#,##0)を選択し、[OK] をクリックします（ABOVE は上、LEFT は左のデータを合計）。

　計算式に使っているデータを変更したときは、計算結果を更新します。計算結果の数値を右クリックして[フィールド更新]をクリックします。

　計算式を確認したい場合は、計算結果の数値を右クリックして「フィールドコードの表示／非表示」をクリックすると、計算式・表示形式が表示されます（まとめて表示／非表示を切り替える場合は Alt + F9 ）。

Section 10

Excelのように
表の並べ替えもしたい！

　昇順・降順の並べ替えや複数条件の並べ替えもできます。さらに、段落の文字列での並べ替えもできますよ。

❶ 表内にカーソルを置きます。
❷ ［表ツール］→［レイアウト］タブ→［データ］グループから［並べ替え］をクリックします。
❸ 並べ替えの画面で、条件を選択します。ここでは、発行部数が多い順で、同じ発行部数の場合、価格が高い方を上に並べ替えを行います。
❹ ［OK］をクリックします。

⬇並べ替え前

番号	タイトル	価格	発行部数
1	箱根の旅	1200	7000
2	伊豆の旅	1600	8000
3	鎌倉の旅	1000	7000
4	修善寺の旅	1200	5000
5	熱海の宿	800	6000

⬇並べ替えた結果

番号	タイトル	価格	発行部数
2	伊豆の旅	1600	8000
1	箱根の旅	1200	7000
3	鎌倉の旅	1000	7000
5	熱海の宿	800	6000
4	修善寺の旅	1200	5000

Section 11

え、じゃあ段落の並べ替えってどうするの？

「段落の並べ替え」と聞くと不思議な気がしますが、「罫線のない表」と考えればいいですよ。タブで区切られたところで列が変わっているとすれば、それぞれの列での並べ替えができます。

箇条書きのようになっていない場合は、各段落の先頭文字で並べ替えられます。

下記の段落を、番号の昇順に並べ替えましょう。

番号	→	タイトル	→	価格	→	発行部数
2	→	伊豆の旅	→	1600	→	8000
1	→	箱根の旅	→	1200	→	7000
3	→	鎌倉の旅	→	1000	→	7000
5	→	熱海の宿	→	800	→	6000
4	→	修善寺の旅	→	1200	→	5000

❶ タイトル行からすべての段落を選択します。
❷ [ホーム] タブ→ [段落] グループから [並べ替え] をクリックします。
❸ [並べ替え] の画面で条件を選択します。

- タイトル行 ⇨ あり（「あり」を選択すると、[最優先されるキー] で項目が選択できるようになります）

- 最優先されるキー ⇨ 番号
- 種類 ⇨ 数値・昇順

⊕段落の並べ替え後(タブ)

番号	タイトル	価格	発行部数
1	箱根の旅	1200	7000
2	伊豆の旅	1600	8000
3	鎌倉の旅	1000	7000
4	修善寺の旅	1200	5000
5	熱海の宿	800	6000

　タブで区切られていない普通の文章の段落の場合、[最優先されるキー]に「段落」を選択します。先頭文字を基準に並び変わります。

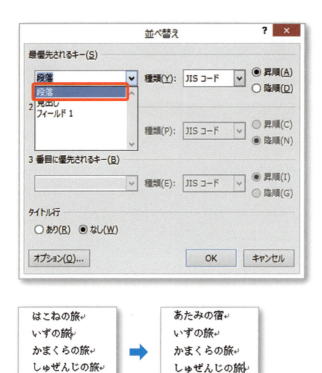

　漢字が含まれる場合は、漢字コード順に並びます。かなのアイウエオ順どおりではないときもあるので、気をつけてくださいね。

Section 12

便箋のように罫線が引かれたフォーマットを作成するにはどうすればいいの？

印刷して手書きで内容を書くために使うフォーマットですね。

社用便箋のように使うときがありますが、データ入力用としては不向きです。なぜなら、必ず行末で改行しないと罫線が表示されず、文章を続けて入力できなくなるからです。

⊕ 自動改行されると罫線が表示されない

> 研修の感想をご記入ください。
> 今回の研修に参加して感じたことは、受講者のスキルの差です。
> どんどん講習を進めてほしいにもかかわらず、スキルの低い方が操作に戸惑うため、研修の
> スピードが落ちてしまいました。
> 同じようなスキルの受講生ごとに研修のクラスを分けてほしいと思います。

⊕ 文章の途中で改行して段落を分ける手間がかかる

> 研修の感想をご記入ください。
> 今回の研修に参加して感じたことは、受講者のスキルの差です。
> どんどん講習を進めてほしいにもかかわらず、スキルの低い方が操作に戸惑うため、研修の
> スピードが落ちてしまいました。
> 同じようなスキルの受講生ごとに研修のクラスを分けてほしいと思います。

　よく表を挿入して左右の罫線を非表示にする方法を見かけますが、段落罫線を使うほうがかんたんです。

① 2 行の段落を選択します。
② ［ホーム］タブ→［段落］グループの［罫線］から［線種とページ罫線と網掛けの設定］をクリックします。

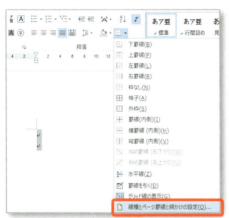

③ 段落罫線を底辺と中に設定します。

　これで改行することで、すべての行に下線が設定されます。Excel で行高を調整して 1 ページに印刷設定するよりはかんたんに作成できます。

Section 13

表のセルや列をかんたんに増やしたり減らしたりしたい！

　Excelで表を作成する場合、一番多い列数・行数で挿入をして「セルの結合」を使うことが多いと思いますが、それはあくまでExcelで表を作成するときの考え方です。それがいけないということではないのですが、Wordには「セルの分割」という便利な機能があるのです。

　Excelはセル単位での幅・高さの調整ができないので、どうしても列・行を多く使うこととなりますが、Wordの表は「セル単位」で幅・高さを調整できるという特徴があります。

⊕Excelで作成した表：（8列13行）従業員数以外の行はすべて「セルの結合」を使用

⬇Wordで作成した表（2列10行）資本金・就業時間の2か所で「セルの分割」を行ったのみ

職種	
企業名	
所在地	〒 最寄駅（　　　　　）TEL　　　（　　　）
代表者役職・氏名	
事業内容	
業種名	
資本金	万円　創業年月日
従業員数	名
就業時間	時　分　　　　　有①　時　分〜　時　分 〜　　　交代制　　　②　時　分〜　時　分 時　分　　　　　無③　時　分〜　時　分
休日	日曜・祝日・土曜・その他（　　　）

　Excelの場合は、どこのセルに文字を入力すべきか迷うところがあります。また、セルの結合を繰り返す必要があります。一方、Wordで作成した表は、2ヵ所のみセルの分割を行い、各セルに文字を入力することで、かんたんに作成することができます。

　また、セル幅が異なる表を上下に作成する場合、Excelでは両方の表の必要列数を計算しなければなりませんが、Wordでは改行して新たに「表の挿入」から自由に作成することができます。

　Excelで「列が足りないから挿入したら、全体が崩れてしまう！」ということがよくありますが、Wordでは行単位でセルの分割・結合を行うことで、かんたんに列を増やしたり減らしたりすることができます。

Point Excelの表の貼り付けの秘密

　　WordにExcelの表を貼り付けて使用する場合は、［ホーム］タブ→［クリップボード］グループの［貼り付け］から［形式を選択して貼り付け］をクリックします。次の方法を使い分けましょう。

- ワークシートオブジェクトとして貼り付け

　⇨ Excel での編集が終了していない場合は、ワークシートオブジェクトとして貼り付けておくと、Word の画面で Excel の機能を使うことができます。

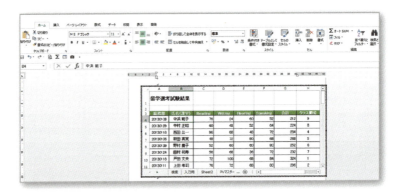

- 図（拡張メタファイル）として貼り付け

　⇨ 印刷物ではなく、データでやりとりする場合は、「図」として貼り付けておくことで、表の内容が変更不可になります。最終資料では、図として貼り付けなおしておくといいですね。

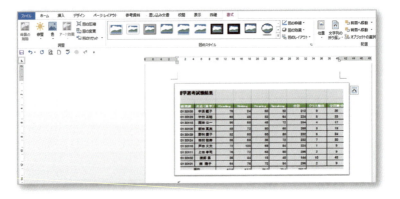

第 4 章

名札、個人名入りの DM、封筒のラベル……差し込み印刷でかんたんに作る

「会社で行われる研修参加者の名札は、表のセルに 1 人ずつ氏名を入力してカッターで切って作っている」
「研修のお知らせの DM は、個人名を書き換えるたびに印刷をしている」

　そんなことが当たり前になっていませんか？
　手間と時間をかければできないことはないけど、いかに効率的に仕事をさばいていくかが、社会人にとっては大切なこと。「サクサクできたらうれしい！」と思うならば、Word の［差し込み文書の作成］を活用しましょう。

Section 01

個人名入り DM を
かんたんに作成するには
どうすればいいの？

［差し込み文書の作成］を使えば、今までの苦労が嘘のように、あっという間に作成できますよ。そのためには、準備するものが2つ。

1つは、DM 用の編集済み書類。
もう1つは、差し込みたい個人名をリストにした Excel ファイルです。
（表の1行目に、必ず全項目名を入力しておきます）

まず、あらかじめ作成した DM の文書を開き、個人名を差し込みたい場所にカーソルを置いてください。

❶［差し込み文書］タブ→［差し込み印刷の開始］グループから［差し込み印刷の開始］をクリックします。

❷ 表示される一覧から［レター］を選択します。

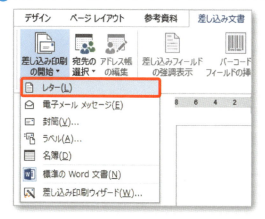

❸ ［宛先の選択］から［既存のリストを使用］をクリックして、データファイル（あらかじめ作成しておいた Excel ファイル）を指定します。

❹ ［差し込みフィールドの挿入］をクリックして、[氏名]を選択します。

　Excel データの 1 行目の項目名が表示されます。項目名に空白があると表示されないので注意しましょう。

❺ カーソルのある場所に「氏名」フィールドが差し込まれます。複数箇所に差し込みたい場合は、同じ操作を繰り返します。

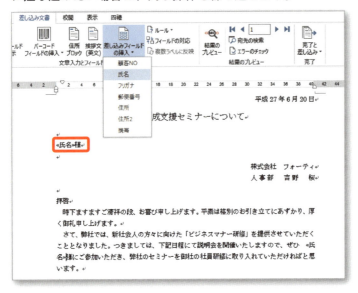

❻ [結果のプレビュー] をクリックして仕上がりを確認します。書式の変更などがあれば修正をかけましょう。

❼ [完了と差し込み] から [文書の印刷] をクリックして、印刷を開始します。

ちなみに、氏名を差し込んだ文書を個別に編集したい場合は、［完了と差し込み］から［個々のドキュメントの編集］をクリックします。すると、差し込んだ人数分のページが別ファイルで自動作成されます。

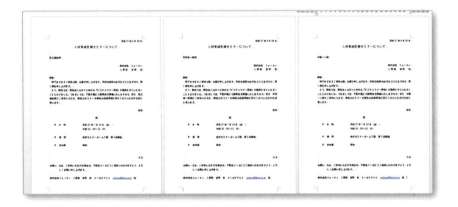

Section 02

差し込み文書で作成したファイルを開いたら、エラー表示がされて、データが差し込まれてこない！

　そうそう、突然エラーのメッセージが出てきて驚きますよね。差し込み文書を作成し終わったと思って、差し込んだExcelのファイルを削除してしまうこともあるので要注意です。

　［完了と差し込み］をクリックする前の文書は、Excelのデータを含んだものなので、差し込み元のExcelデータを削除したり、保存場所を変更したりすると、ファイルを開いたときにExcelデータを参照できずにエラーとなってしまいます。

　差し込み用に一時的にデスクトップに保存したExcelファイルを削除してしまい、作成した差し込み文書を印刷しようと思って後から開いたらエラーになる……というケースはとても多いです。

　そういう場合は、［完了と差し込み］から［個々のドキュメントの編集］をクリックして、差し込み完了したファイルを保存しておきましょう。［個々のドキュメントの編集］をクリックして作成した文書は、Excelのデータを差し込んだ後の文書となるので、Excelのデータを削除したり、保存場所を変更したりしても影響を受けません。

Section 03

同じ文書やラベルで異なる住所録を使うには、もう一度差し込み文書を作成するしかないの?

いいえ、そんな手間をかけなくても、差し込むデータを変更するだけで何度でも作成できます。

差し込みを完了する前のファイルは、Excel の元データを含んだ差し込み中のファイルとなりまのので、この状態のファイルを「名前を付けて保存」しておくことで、使いまわすことができます。

❶ データを差し込んだ状態で保存したファイルを開きます。
❷ 以下のような SQL コマンドのメッセージが表示されたら、[はい] をクリックします。

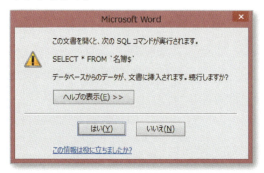

❸ [差し込み文書] タブ→ [差し込み印刷の開始] グループから [宛先の選択] をクリックします。

④ 差し込みたいデータファイルを指定します。
⑤ 差し込みフィールドを挿入します。

　差し込みデータの変更だけでなく、書式の変更も可能です。元データを変更するだけで、何度でも作成することができますよ。

Section 04

じゃあ、宛名ラベルも
かんたんに作成できる？

　そうですね。ラベルの差し込み文書を作る方法は、レターとほとんど同じです。違いは、たった1つ。ラベルはA4の用紙に複数人のデータを差し込むので、最初の1枚のみ編集し、［複数ラベルに反映］をクリックすることです。「複数ラベルに反映をクリック」、ここに注意してくださいね。

❶［差し込み文書］タブ→［差し込み印刷の開始］グループから［差し込み印刷の開始］をクリックします。
❷表示される一覧から［ラベル］を選択します。

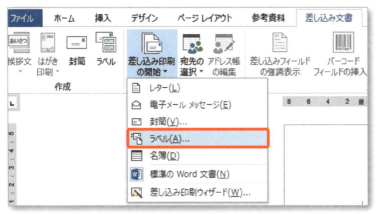

❸ [ラベルオプション] ダイアログボックスから、ラベルのメーカー名と商品番号を選択します。

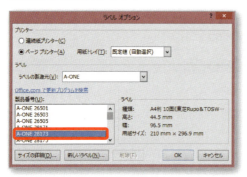

❹ [宛先の選択] から [既存のリストを使用] をクリックして、データファイルを指定します。

❺ ラベルの2行目にカーソルを置き、「〒」マークを入力します。

1行目で改行すると、ラベルが1行落ちてしまうため、印刷がずれてしまう

この時、1行目から入力してしまうと、あとで改行ができなくなるので注意しましょう。

❻ [差し込みフィールドの挿入] をクリックして、「郵便番号」を選択します。

❼ 改行して、「住所」「氏名」など宛名に使うフィールドを差し込みます。

❽ [ホーム] タブからフォントサイズ・書体・配置など書式を整えます。

❾ [複数ラベルに反映] をクリックして、すべてのラベルを同じ設定に更新します。

　1枚目のラベルを更新したら、必ず [複数ラベルに反映] をクリックして更新してください。

❿［結果のプレビュー］をクリックして仕上がりを確認します。

⓫［完了と差し込み］から［個々のデータの編集］をクリックして、すべてのデータを差し込んだ確定ファイルを自動作成し、各ラベルの配置などを確認します。

　ラベルを作成した場合は、直接印刷するのではなく、必ず［個々のデータの編集］をクリックして、長い住所などがきちんと配置されているか確認しましょう。

Section 05

差し込み文書の作成を使うと、Excelデータにあった金額の桁区切りがなくなっちゃう！

　そうなんですよ。せっかくExcelで桁区切りや通貨記号を設定しておいても、差し込み文書には反映されないのです。もともとExcelのセルのデータには桁区切りや通貨記号がなくて、「表示形式で表示しているだけ」だからです。

　これは、Wordでも同じように表示形式を設定することで解決します。

⬇差し込みデータではExcelの書式が解除されて表示される

● 参加費　　　　8000円

⬇Wordで表示形式を編集した表示

● 参加費　　　　¥8,000

　たとえば、Excelのデータでは「8,000」と表示されていても、差し込んだ書類には「8000」と表示される場合は、Wordのフィールドコードの表示形式を設定しましょう。

　Wordには、さまざまな情報を自動的に文書に挿入する「フィールド」という機能があります。フィールドを更新することで目次が最新情報にな

るなど、普段何気なく使っている機能です。フィールドの構文のことを「フィールドコード」といいます。このコードを編集することで、差し込みデータの書式設定を指定することができます。

① 差し込んだフィールドコードを右クリックします。
② メニューから［フィールドコードの表示 / 非表示］をクリックしてフィールドコードを表示します（Alt + F9）。

③ フィールドコードに「¥#"#,##0"」を追加入力します。

この部分は、以下の意味になります。

- MERGEFIELD 費用 ⇨ 差し込んだフィールド名が［費用］のフィールド（書式設定されていた値データが表示される）
- ¥# ⇨ 数値フィールドの表示形式を指定
- #,##0 ⇨ 桁区切りの付いた書式を指定

④ 右クリックのメニューから［フィールドコードの表示 / 非表示］をクリックして、非表示に戻します（Alt + F9）。

「¥」を同時に表示したい場合は、フィールドコードに次のように追加入力します。

⊕通貨記号が表示された

ちなみに、"（ダブルクオーテーション）は省略できます。

 Section 06

市販のサイズにない大きさで座席カードを作れないの？

ラベルのサイズは、自由に変更できるから大丈夫。市販品の用紙以外のサイズで差し込み文書を利用して作成できるようになると、パーティ会費の領収証など手書きでは大変な量でも、あっという間に作成できますよ。

まずは、作成したいカードのサイズをきちんと決めておきましょう。

❶ ［差し込み文書］タブ→［差し込み印刷の開始］から［ラベル］をクリックします。

❷ ［ラベルオプション］から［新しいラベル］をクリックします。

❸ [ラベルオプション] の画面が開くので、サイズを入力します。

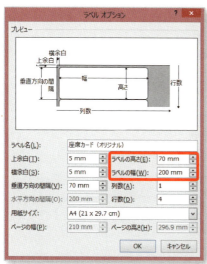

このとき [ラベル名] を入力しておくと、繰り返し使うときに便利です。

❹ [OK] をクリックします。

⬇座席カードの完成例

作成したラベルサイズを再度使う場合は、［ラベルオプション］の［ラベルの製造元］から「その他 / ユーザー設定」を選択し、［製品番号］から使用するラベル名を選択してください。

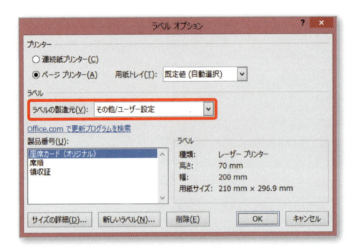

第 5 章

長文編集のストレスをなくす

　仕事では、契約書やレポートを作成するために、長文を編集することも多いもの。また、社内文書ではなく、クライアントに渡す資料では、内容はもちろん、編集のミスも許されない！
　日々の仕事でたいへん神経を使う正確な書類づくり、効率よく短時間で行う方法を覚えて、作業時間を短縮できるようにしましょう。

Section 01

契約書を作成しているときに、第1条や段落番号がくずれて、書式をあわせるのに時間がかかる！

　特に、契約書のように第1条、第1項など階層のある段落番号は、書式が崩れると統一するのに手間どりますね。そんな文書を作成するときは、アウトライン入力を使うとラクですよ。アウトライン入力を行って、スタイルとアウトライン番号を関連づけることで、かんたんに設定ができます。

　長文を作成するときにも、ベタ打ちを行ってから書式を整えますが、そのベタ打ちを「アウトライン」表示に切り替えて入力することで、自動的にスタイルが設定されます。

❶ [表示] タブ→ [文書の表示] グループから「アウトライン」をクリックして、表示を切り替えます。
❷ 第1条にあたる内容を入力したら、改行します。
❸ Tab でレベルを下げ（階層を1つ落とします）、第1項にあたる内容を入力します（Alt + Shift + →）。
❹ 第2条にあたる内容を入力する段落で Shift + Tab でレベルを上げます（階層を1つ上へ戻します）（Alt + Shift + ←）。

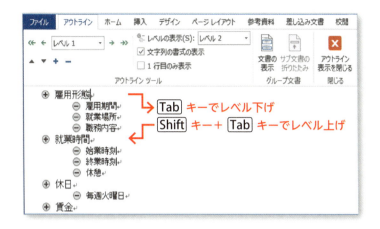

　このように、レベルの上げ下げを使いながら内容を入力することで、自動的にレベル1には見出し1のスタイル、レベル2には見出し2のスタイルが適用されていきます。レベル3以下も同じです。

　見出しの入力が終わったら、「アウトライン表示を閉じる」をクリックし、印刷レイアウトに戻って、内容を入力します。

Section 02

アウトライン入力はわかったけど、それがどうして段落番号につながるの？

そうなんですよ。そこがポイント！

アウトライン入力を使うと、レベル1、レベル2……がスタイルの見出し1、見出し2……へ自動的に関連付けられることとなるのです。あとは、段落番号とスタイルの見出しを関連付ければいいのです。

階層のある段落番号の場合は、見出しスタイルとアウトライン番号を使うことで、書式の一括設定が可能となります。

見出しのスタイルが設定された段落は、左余白に「・」マークが表示されます。

❶ 段落番号を設定したい段落を選択します。

❷ [ホーム] タブ→ [段落] グループから [アウトライン番号] をクリックします。

❸ 一覧から [新しいアウトラインの定義] をクリックします。

❹ レベル1を選択し、番号書式の数字の前後に「第」「条」を追加します。
❺ [配置] の [インデント位置] を「15mm」に変更します。
❻ [オプション] ボタンをクリックして、右側にオプションを表示します。
❼ [レベルと対応付ける見出しスタイル] の一覧から「見出し1」を選択します。
❽ 同じようにレベル2を選択し、番号書式を「①」に変更します。
❾ [配置] の [左インデントからの距離] を「15mm」に変更します。
❿ [配置] の [インデント位置] を「22.5mm」に変更します。
⓫ [レベルと対応付ける見出しスタイル] の一覧から「見出し2」を選択します。

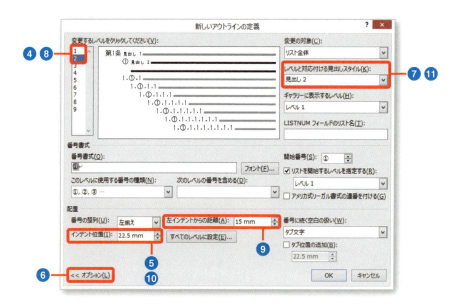

⓬ [OK] をクリックすると、以下のようになります。

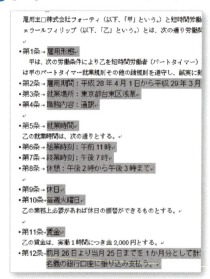

❽ レベルを落としたい段落を選択して、Tabをたたきます（Alt+Shift+→）。

Point アウトライン番号の秘密

　［配置］にある［左インデントからの距離］は、「第1条」の「第」の位置となります。

　［インデント位置］は、内容が配置される位置となります。

　見出し1のインデント位置と見出し2の左インデントからの距離を同じ数値にすることで、見出し1の内容と見出し2の段落番号の位置がそろいます。

　10.5Ptの文字の場合、7.5mmは2文字分です。インデント位置が段落番号の文字幅（第1条など）より狭くならないように気をつけましょう。

⬇ レベル1の配置

4文字分

⬇ レベル2の配置

レベル1のインデント位置と同じ

Section 03

第1条の文字サイズを大きく太字にしたいけど、全部選択して変更するのは面倒……

　ここまで、「同じ設定はまとめて選択して、命令は1回」と、何度も説明してきましたね。アウトライン番号と見出し1のスタイルは連動しているので、見出し1の書式を変更するだけで、書式の一括変更ができます。

❶ レベル1の段落を選択して書式の変更を行った後、スタイルギャラリーの「見出し1」を右クリックします。
❷ ［選択箇所と一致するように見出し1を更新する］をクリックすると、すべてのアウトライン番号が同じ書式に更新されます。

　書式の設定忘れや乱れがなくて効率的ですね。
　書式の変更は、スタイルギャラリーのスタイルを右クリック→［変更］からでも同じようにできます。

Section 04

契約書の途中に資料を含んだ場合、資料にはページ番号を入れたくない。資料のページを飛び越えて連続番号のページ番号を振ることはできないの？

「ページ番号がうまく設定できない」という質問はとても多くいただきます。ページ番号を自由自在に振り分けることができれば、長文作成のストレスもかなり減るでしょう。

ヘッダーやフッターに入力した内容が、自動的にすべてのページに設定されるのはなぜだと思いますか？

1つの文書を作成するときに、2ページ目も3ページ目も同じA4サイズになるのはなぜだと思いますか？

それは、ページ設定で決められているからなんです。ヘッダー・フッターの設定、余白や行数・段組みなどは、すべてページ設定に含まれます。

ポイントは、「セクション区切り」を使うこと。セクションで区切ることで、たとえば

「1ページ目はA4縦の文書で、2ページ目はA4横の文書」
「1ページ目は余白が狭く、2ページ目は余白が広い文書」

など、1つの文章で異なるページ設定が可能となります。

「セクション区切り」を使うことで、ほかのセクションとページ番号を振り分けることができます。ここでは、資料ページの前後に「セクション

区切り」を挿入し、ページ番号を振りなおす例を見てみましょう。

❶ 資料の前にカーソルを置き、[ページレイアウト] タブ（Word 2016 では [レイアウト] タブ）→ [ページ設定] グループから [区切り] をクリックします。

❷ セクション区切り [次のページから開始] をクリックします。

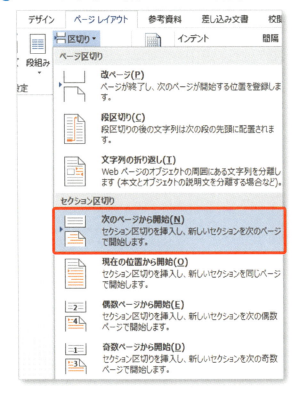

❸ 同じように資料の最後部にカーソルを置き、セクション区切り [次のページから開始] をクリックします。

これでセクションが3つに分かれたこととなります。

❹ セクション 2 のフッター領域をダブルクリックし、フッターの編集に切り替えます。

❺ [ヘッダー・フッターツール] タブ→ [ナビゲーション] グループから [前と同じヘッダー / フッター] をクリックして、OFF にします。

❻ セクション 2 のページ番号を削除します。
❼ セクション 3 のフッター領域にカーソルを置き、同じように [前と同じヘッダー / フッター] をクリックして、OFF にします。
❽ [ヘッダー・フッターツール] タブ→ [ヘッダーとフッター] グループ → [ページ番号] → [ページの下部] から「番号のみ 2」をクリックして、ページ番号を挿入します。

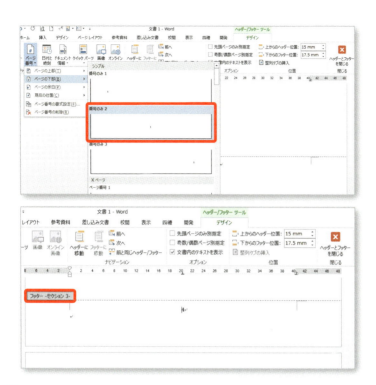

❾ [ヘッダー・フッターツール] タブ→ [ヘッダーとフッター] グループから [ページ番号の書式設定] をクリックします。

❿ ［ページ番号の書式］ダイアログボックスの［連続番号］の［開始番号］にチェックを入れ、振りたいページ番号を入力します。

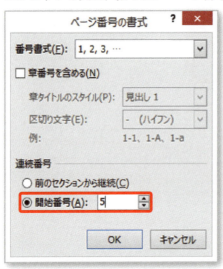

これで、意図したページ数が表示されます。

Section 05

目次を自動作成したら、内容が含まれてしまった。見出しの一部分のみを目次に表示させたい！

　マニュアルを作成していて、細かな目次を作成したいのに、文章が含まれてくるから見出し1のみの目次にしてしまうこと、ありませんか？　あとは、むりやり段落を区切ってみたりと……。

　でも、段落の一部を目次に使うことができるのです。

　目次は、見出しスタイル1、2、3……が自動的に表示されるようになっています。見出しスタイルは、段落の設定スタイルです。使いたい文字のみに反映させるには「スタイル区切り」を使って、段落のスタイルを区切ってしまいましょう。

　「スタイル区切り」のコマンドボタンは、リボンに表示されていないので、あらかじめクイックアクセスツールバーに登録しておきましょう（第1章「一部の機能しかクイックアクセスツールバーに追加できないの？」を参照）。

⊕ 修正前

```
2  事業戦略 ......................................................................... 3
   2.1  事業戦略の種類には、次の3つの基本戦略があります。......... 3
   2.2  事業戦略の手法 ............................................................ 3
      2.2.1  プロダクトポートフォリオマネジメント ..................... 3
      2.2.2  SWOT分析 ............................................................ 4
      2.2.3  バリューチェーン分析 ............................................. 4
      2.2.4  成長マトリックス分析 ............................................. 4
```

⊕ スタイル分割後

事業戦略の種類には、次の3つの基本戦略があります。
見出し2スタイル　　　標準スタイル

❶ 目次に使いたい段落内にカーソルを置き、「スタイル区切り」をクリックします。

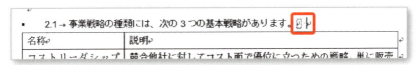

❷ 行末に挿入されたスタイル区切りを選択し、区切りたい場所へドラッグして移動します。

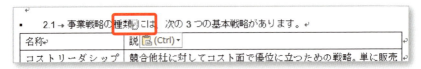

❸ スタイル区切り以下の文字を選択し、スタイルギャラリーの一覧から[標準]をクリックして、スタイルを標準に変更します。

❹ 目次内を右クリックし、[フィールド更新]をクリックします。
❺ [目次をすべて更新する]にチェックを入れ、[OK]をクリックします。

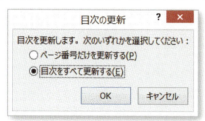

⊕ 修正後の目次

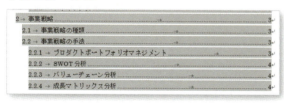

Section 06

見出しスタイルが設定されていない箇所を目次に表示することはできないの？

見出しスタイルではない部分を目次に表示したい場合もありますよね。段落スタイルが設定されている箇所であれば自由に表示することができるので、どのスタイルを目次に表示するのかを指定しましょう。

❶ ［参考資料］タブ→［目次］から［ユーザー設定の目次］をクリックします。

❷ 表示された［目次］ダイアログボックスから［オプション］をクリックします。

❸ スタイルの一覧から、目次に使いたいスタイルの［目次レベル］にレベルを入力し、［OK］ボタンをクリックします。

◉目次に表示される

 Section 07

資料を作成していると図や表がたくさんあり、「図表の目次がほしい」といわれたけど、そんなことできるの?

　たしかに、図表が多くなると、目次もほしくなりますね。大丈夫、「図表目次」を作成することができます。ただし、それぞれの図や表に目印がないと目次は作成できません。そのために、まずは図表番号をつけることが必要です。

❶ 図表番号をつけたい図を選択します。
❷ [参考資料] タブ→ [図表] グループから [図表番号の挿入] をクリックします。
❸ [図表番号] ダイアログボックスから、ラベルと位置を選択し、[OK] をクリックします。

❹ 選択していた図に図表番号が設定されます。

　図表番号のラベルをオリジナルに設定したい場合は、[図表番号] ダイアログボックスの [ラベル名] をクリックして入力します。

　新たに作成したラベルは、ラベルの一覧に追加されます。

　図表番号をつけた図の目次を作成するには、次のようにしてください。

❶ 目次を挿入したい箇所にカーソルを置きます。
❷ [参考資料] タブ→ [図表] グループの [図表目次の挿入] をクリックします。
❸ [図表番号のラベル] を選択して、[OK] をクリックします。

すると、ラベルごとの目次が作成されます。

複数のラベルがある場合は、同様に繰り返します。

🔽図表ごとの目次ができる

Section 08

資料の専門用語に脚注をつけたい。各ページに脚注を作成するにはどうするの？

専門用語が含まれる文書では、脚注は必須ですね。それに、ページ内に複数の脚注があると、どれがどれだかわかりにくくなるので、番号や記号も必要になります。

脚注は、文末に作成することも、ページ末に作成することもできます。

① 脚注をつけたい単語の後ろにカーソルを置きます。
② [参考資料] タブ→ [脚注] グループの右下にあるダイアログボックス起動ツールボタンをクリックし、[脚注と文末脚注] ダイアログボックスを開きます。
③ [場所] の [脚注] をクリックし、[ページの最後] を選択します。
④ [書式] から [番号書式] を選択します。
⑤ [挿入] ボタンをクリックします。

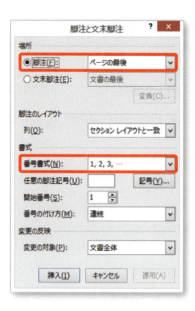

❻ ページの最後に番号が振られ、脚注を入力できるようになります。

脚注が設定されている箇所にマウスのカーソルを合わせると、内容が表示されます。

Section 09

本文と脚注の区別がつきにくい……

たしかに、本文と脚注がわかりにくいときがありますね。境界線を目立つようにするといいでしょう。

脚注の境界線の設定は、アウトライン表示（または、下書き表示）から行います。表示をアウトラインに切り替えましょう。

❶ [表示] タブ→ [文書の表示] グループから [アウトライン] をクリックします。

❷ [参考資料] タブ→ [脚注] グループから [注の表示] をクリックします。

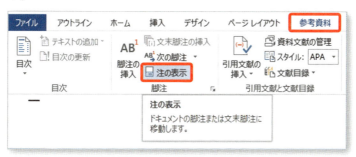

❸ 画面下に脚注の編集領域が表示されるので、[脚注の境界線] を選択します。

❹ 表示された直線を削除して、新たに記号（ここでは＝）を入力して、境界線を作成します。

❺ アウトライン表示から、印刷レイアウト表示に戻します。

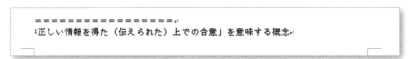

 Section 10

脚注が設定されている場所が探しにくいので、サッと見つけたい!

　文末やページの最後にある脚注はすぐにわかりますけど、それがどの単語に設定されているのかを探すのは、番号やマークが小さいから見つけにくいですね。文書を読んでいるときは文字の近くにある脚注の番号に気がつくけど、脚注の箇所だけ探そうとすると見落としそうなときもあるはずです。

　そういう場合は、[参考資料]タブ→[脚注]グループの[注の表示]をクリックしましょう。脚注が設定されている場所と脚注を交互にジャンプして教えてくれます。

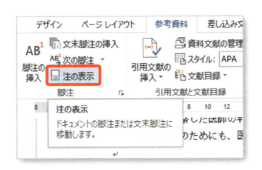

Section 11

マニュアルや論文などの長文作成時に、見出し1ごとに新しいページにするには、いちいち改ページを入れないとダメ？

　見出し1が必ずページの先頭で始まるように、自動で改ページされればラクですね。

　段落の設定に、指定した段落の前で改ページをする設定があります。見出し1スタイルに自動改ページの設定を行っておくことで、必ず新しいページから始まるように設定できるんです。

❶ ［ホーム］タブ→スタイルギャラリーから、［見出し1］スタイルを右クリックします。

❷ ［変更］をクリックします。

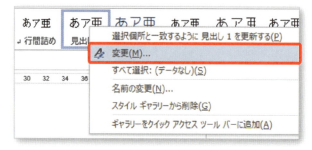

❸ [スタイルの変更] ダイアログボックスの [書式] から [段落] をクリックします。

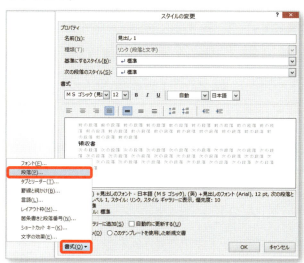

❹ [段落] ダイアログボックスの「改ページと改行」タブをクリックします。

❺ [段落前で改ページする] にチェックを入れ、[OK] をクリックします。

これで、見出し1の段落前で自動改ページが挿入されます。

Section 12

文書内の「SE」の文字をすべて「システムエンジニア」に変更したいけど、探すのも大変だし、変更漏れがあると困る……

　文書の中から、文字を探して書き換えるのは本当に大変です。手間もかかるし、ミスも起こりがちです。

　まとめて一気に書き換えるには、文字の「置換」を使うといいですよ。半角や全角が混在していても、一括変更ができます。

❶ 文書内にカーソルがある状態で、Ctrl + H を押して、[検索と置換] ダイアログボックスを表示します。

❷ 検索する文字列に「SE」、置換後の文字列に「システムエンジニア」と入力します。

❸ この時、半角全角が混在しているような文書では、[オプション] をクリックして、[検索オプション] を表示します。

❹ [あいまい検索] にチェックを入れ、[オプション] をクリックします。

❺ [区別しない文字の種類、表記]の[全角文字／半角文字]にチェックを入れます。

❻ [検索と置換]ダイアログボックスで[すべて置換]をクリックすると、文書内のすべての「SE」が置換されます。

Section 13

太字を設定してしまった部分だけ、まとめて解除できない？

　スタイルが設定されていれば、そのスタイルを変更するだけで一括設定ができてラクですね。でも、スタイルを使っていない標準の文字列の場合は、困ってしまいます。

　じつは、置換の機能は、文字だけでなく、書式も置き換えることができます。太字を設定した箇所を検索して「太字なし」に置換してしまえば大丈夫。

❶ 文書内にカーソルがある状態で、Ctrl+Hを押して、[検索と置換] ダイアログボックスを表示します。

❷ 検索する文字列にカーソルがある状態で、[オプション] をクリックします。

❸ [検索と置換] ダイアログボックスの下にある [置換] の [書式] から、[フォント] をクリックします。

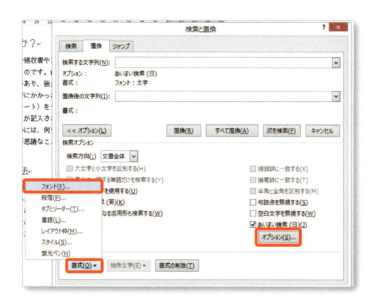

❹ [スタイル] から [太字] を選択し、[OK] をクリックして、[検索する文字] ダイアログボックスを閉じます

❺ ［置換後の文字列］は空白のままにしておきます。
❻ ［すべて置換］をクリックすると、文書内の太字が設定された箇所の書式がすべてクリアされます。

［置換後の文字列］を空白にすることで、テキストは変更されません。フォントサイズや書体など、残したい書式がある場合は、［置換後の文字列］にカーソルがある状態で、書式を設定しておきましょう。

Section 14

文書内に含まれる半角の英数字を、まとめて太字に置換したい！

　英数字のみを目立つようにしたいということですね。太字を設定するのも解除するのも置換する方法は同じなので、どうやって英数字を検索するのかがポイントです。
　[検索する文字列]に、半角で以下のように入力してください。

　[¥!-~]
(カッコはじまり・エンマーク・エクスクラメーションマーク・ハイフン・チルダ・カッコとじ)

　文字コード順では「！(エクスクラメーションマーク)」から「~(チルダ)」までの中に、記号と数字が含まれます。このとき、「！」はワイルドカード(あらゆる文字にあてはまる文字)として使われる記号なので、文字として使うために「¥」を追加します。「-(ハイフン)」は範囲を意味します。これで、すべての半角英数字を検索することができます。

❶ 文書内にカーソルがある状態で、Ctrl＋Hを押して、[検索と置換]ダイアログボックスを表示します。
❷ [検索する文字列]に「[¥!-~]」と入力します。
❸ [オプション]ボタンをクリックし、[ワイルドカードを使用する]にチ

ェックを入れます。

❹ [置換後の文字列] にカーソルを置き、[検索と置換] ダイアログボックスの下にある [置換] の [書式] から、[フォント] を選択します。

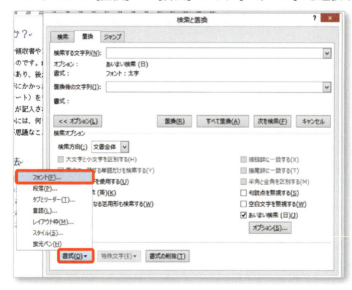

❺ [スタイル] から [太字] を選択し、[OK] をクリックして、[置換後の文字] ダイアログボックスを閉じます。

❻ [すべて置換] をクリックすると、英数字すべてが太字になります。

第6章

複数の人とのやりとりを
変更履歴でスムーズに

「契約更新時に契約書の内容を変更したけど、どこを変更したかわからなくなっちゃった！」
「変更箇所を赤文字で表示するようにしているけど、いちいちめんどう……」

　グループワークでは、だれがどの部分を変更したのかわかるように変更履歴の記録を使います。特に新人さんならば決定権のない部分も多く、勝手に内容を書き換えては大変なことに。変更履歴を理解して使いこなす必要があります。

Section 01

だれがどこをどう変更したか、いちいち元の文書と照らしあわせて確認するなんて面倒くさい！

　契約書を変更して渡されて、どこをどう変更したか確認したいとき、どうしますか？

　前の契約書と照らし合わせたり、変更箇所を口頭で説明を受けたり、メモをもらったりしていては、時間と手間のムダですよね。

　変更した箇所がそのまま文書に表示されれば、文書を見るだけで確認が取れます。また、変更したほうがいいのか、しないほうがいいのかも再考できますね。

　文書に加えた変更をそのままデータに記録して表示する、「変更履歴」を残すようにしましょう。

❶ 作業を始める前に、[校閲] タブ→ [変更履歴] グループから [変更履歴の記録] ボタンをクリックして、[ON] の状態にしておきます（Ctrl + Shift + E）。

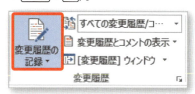

❷ ON 状態で行った作業が、すべて文書内に埋め込まれます。
❸ 履歴の記録が終わったら、［変更履歴の記録］ボタンをクリックして解除しておきます。

⬇変更履歴が記録された書類（すべての変更履歴／コメントの表示）

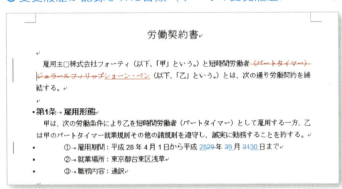

［変更履歴の記録］ボタンを ON のまま保存すると、次に開いたときに、記録が ON の状態でファイル開かれます。変更履歴の記録が終わったら、ボタンを解除して記録を終了しましょう。不要な記録を防ぐためです。

Section 02

変更履歴を記録するのを忘れてしまう！

必要のない変更履歴を記録してしまうことがある一方で、変更履歴の記録を忘れて変更してしまうミスが起こることもあります。そんな問題を解決するために、パスワードを入力しないと解除できないように、常に記録をONの状態にしておくことができます。

❶［校閲］タブ→［変更履歴］グループ→［変更履歴の記録］→［変更履歴のロック］をクリックします。

❷ パスワードを入力します。

Section 03

個人名ではなく部署名で変更履歴を記録するようにいわれたけど、自分の名前でしか記録できない……

　校閲者名は、Microsoft Office のユーザー名が反映されます。ユーザー名が自分の名前になっていると、校閲者名は常に自分の名前が表示されることになります。

　でも、ユーザー名はかんたんに変更することができるのですよ。

❶ ［ファイル］タブ →［オプション］をクリックします。

❷ [基本設定]の[ユーザー名]を会社名に変更します。

　以下の方法でも、[Wordのオプション]ダイアログボックスが開きます。どちらから変更しても同じです。

❶ [校閲]タブ→[変更履歴]グループ→ダイアログボックス起動ツールボタンから[変更履歴オプション]を開きます。

❷ ［ユーザー名の変更］をクリックします。

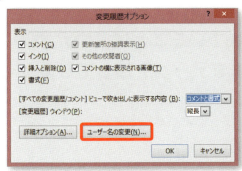

Section 04

変更履歴が記録されていることに気づかず、履歴処理をしないままデータを渡してしまって、激怒された……

怖いですよね、一番やってはいけないミスです。

変更履歴は、「初版」「変更履歴／コメントなし」の2つの表示状態では画面上に履歴が表示されません。変更履歴を記録する前と、反映した後の状態です。これでは、うっかり変更履歴を見落としてしまいそうですね。

⬇初版：変更前の状態

⊙ 変更履歴／コメントなし：変更後の状態

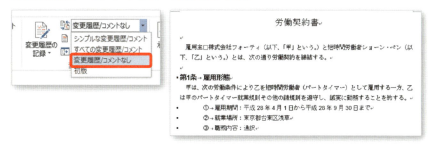

文書上に変更履歴が表示されていなくても、常に履歴が表示されるように［変更履歴］ウィンドウを表示するようにしておくといいですよ。履歴があってもなくても確認ができます。

❶ ［校閲］タブの［変更履歴］→［［変更履歴］ウィンドウ］から［縦長の［変更履歴］ウィンドウを表示］をクリックする。
❷ 画面左側に変更履歴一覧が表示される。

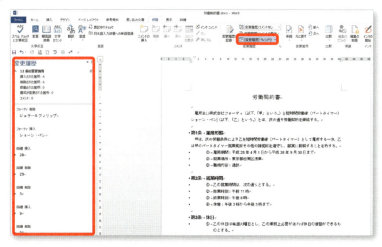

［変更履歴］ウィンドウは、［横長の変更履歴ウィンドウを表示］にすると画面下に表示することもできます。

Section 05

「変更履歴を処理するように」って言われたけど、どうやるの？

　変更履歴の処理は、責任が重大。「何を、どう決定するか？」を任されたことになるからです。ただ、決定権がないまま処理を任される場合は、「だれの処理を、こうしなさい」「この部分を、こう処理しなさい」と、細かな指示がくることもあります。

　変更履歴の処理は、変更箇所を反映するか、元に戻すかのどちらかです。反映する場合も、元に戻す場合も、画面上に表示されている変更履歴単位で一括処理ができますよ。

❶ 校閲者名ごとに反映・削除する場合は、［校閲］タブの［変更履歴］グループ→［変更履歴とコメントの表示］→［特定のユーザー］から、表示したい校閲者名のみにチェックを入れます。

❷ ［変更箇所］グループ→［承諾］から［表示されたすべての変更を反映］
をクリックします。

承諾しない場合は、［変更箇所］グループの［元に戻す］から、［表示さ
れたすべての変更を元に戻す］をクリックします。
　一括反映、一括削除できない場合は、変更箇所をすべて表示し、変更箇
所を右クリックして、1箇所ずつ処理していきましょう。

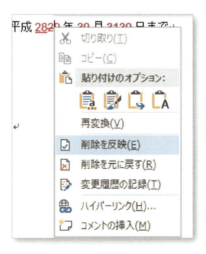

第 7 章

画像や図形を
自由自在に使う

「インターネットの画像を資料に加えたいけど、どうすればいい？」
「文書内に写真を配置したらレイアウトが崩れてしまった……」
「フローチャートを作成したら図形がそろわない！」

　そんな画像や図形の処理がうまくいかなくてイライラしていては、前に進みませんね。大切なポイントを覚えておきましょう。

 Section 01

会社の共有フォルダの使い方をマニュアル化して後輩に配布するようにいわれた。
パソコンの画面をそのまま取り込んでマニュアルを作成したいけど、画面ってデジカメで撮るの？

　見たこともないメッセージが表示されたり、パソコンの調子が悪かったりしたときに、携帯のカメラで画面を撮影して持っていらっしゃる方がいます。電話で説明をされるよりはわかりやすいのですが、画面をキャプチャ（撮影）してメールに添付して送っていただければ、わざわざ来ていただくこともないのに……と思うときも。

　パソコンの画面は、パソコンに保存することができるんです。

❶ [挿入] タブ→ [図] グループから [スクリーンショット] をクリックします。

❷ 開いているウィンドウの一覧が表示されるので、キャプチャしたいウィンドウをクリックすると、カーソルのある場所に挿入されます。

Section 02

ウィンドウ全体ではなく、一部分のみをキャプチャしたい！

　［スクリーンショット］で画像をキャプチャするとき、［画面の領域］をクリックすれば、ウィンドウ全体ではなく、一部分のみをキャプチャできますよ。

　注意していただきたいのは、Wordのウィンドウのすぐ後ろにあるウィンドウしか取り込めないことです。使いたいウィンドウを開いた後、Wordのウィンドウをアクティブにしてください。

　デスクトップを取り込みたい場合は、Word以外のウィンドウを最小化しておきましょう。

❶ ［挿入］タブ→［図］グループの［スクリーンショット］をクリックし、［画面の領域］をクリックします。

❷ Wordのウィンドウが最小化されて、Wordのウィンドウのすぐ背面にあるウィンドウが表示され、画面が白っぽくなります。

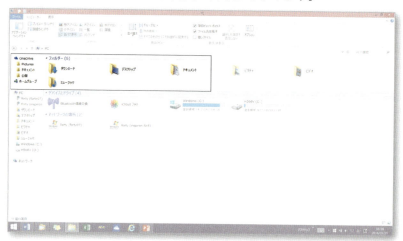

❸ 挿入したい部分をドラッグして、範囲を指定します。
❹ カーソルのある場所に挿入されます。

　インターネットの情報を文書に取り込んだり、パソコンの画面を取り込んだりするには手軽で便利ですね。取り込んだ部分は画像となるので、［図ツール］タブから編集ができるようになります。

Section 03

資料作成時に写真を挿入したら、文書のレイアウトがメチャクチャ……

文書に挿入した画像を自由に扱えるようになると、作成する文書の幅がぐ〜んと広がりますね。ですが、「画像が言うことを聞いてくれない！」というストレスを感じることはとても多いです。

挿入した画像の扱いで重要なのは、「文字列の折り返し」です。画像が［行内］に挿入されるとテキストと同じ扱いになるので、行間や配置が崩れてしまいます。余白や文字のない部分に配置したい場合は、文字列の折り返しを［前面］に変更しましょう。

❶ ［図ツール］の［書式］タブ→［配置］グループから［文字列の折り返し］をクリックします。
❷ 一覧から「前面」をクリックします。

［前面］に配置された画像は「文字の前」にくるので、文字のある場所に移動すると重なって文字が読めなくなります。

自動的に文字を避けて配置するには、文字列の折り返しを［四角］または［外周（内部）］に変更します。

⬇レイアウト：行内

大きな文字が1文字あることとなり、図の大きさによって行間が開いてしまいます。

⬇レイアウト：前面

文字の前に図がくるので、文字が読めなくなります。テキストの入力できない余白などに配置するときは便利です。

⬇ レイアウト：四角

　丸い図形でも三角の図形でも、四角の枠に沿って文字がよけて配置されます。

⬇ レイアウト：背面

　文字の後ろに図が来るので、文字が読みにくくなります。図の明るさを調整してから、背面へ配置しましょう。

⊕ ［図ツール書式］タブ→［調整］グループの［色］→［色の変更］から
［ウォッシュアウト］に変更して背面へ置いた場合

レイアウト「四角」の秘密

　　レイアウトの「四角」は、文書内で自由に配置でき、文字が図形を
よけてくれるので、よく使われます。そのときに、文字と図形との間
隔を自由に変更することができます。

❶ 図の右上に表示されている［レイアウトオプション］から［詳細表
示］をクリックします。
（または、［図ツール］の［書式］タブ→［配置］グループの［文字列
の折り返し］から［その他のレイアウトオプション］をクリック）

❷ [レイアウト] ダイアログボックス→ [文字列の折り返し] タブ→ [文字列との間隔] の数値を変更します。

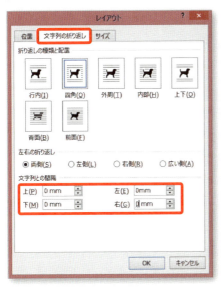

⬇ 上下左右が 0mm

⬇ 上下左右が 10mm

Section 04

資料の全ページに会社のロゴを透かしで入れたい。数十ページある資料だけど、かんたんに挿入する方法はないの？

「持ち出し禁止」「社外秘」「コピー」などの透かしを入れてある書類を見かけますね。社内以外で見かけるということは持ち出されているという話で、あるまじきことですが。

そういったテキストを文書の背景に薄い色で挿入する「透かし」という機能があります。「透かし」の機能を使用して図を挿入すると、図の色は自動的に「ウォッシュアウト」に変更され、色が薄くなります。

❶ ［デザイン］タブ→［ページの背景］グループから［透かし］をクリックします。

❷ [ユーザー設定の透かし] をクリックします。

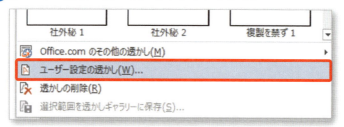

❸ [図] をクリックして、[図の選択] から画像ファイルを指定します。

すると、ページの中央に透かしが挿入されます。

労働契約書

雇用主 株式会社フォーティ（以下、「甲」という。）と短時間労働者（パートタイマー）ジェラールフィリップ（以下、「乙」という。）とは、次の通り労働契約を締結する。

- **第1条　雇用形態**
  甲は、次の労働条件により乙を短時間労働者（パートタイマー）として雇用する一方、乙は甲のパートタイマー就業規則その他の諸規則を遵守し、誠実に勤務することを約する。
  - ①　雇用期間：平成 28 年 4 月 1 日から平成 29 年 3 月 31 日まで
  - ②　就業場所：東京都台東区浅草
  - ③　職務内容：通訳

- **第2条　就業時間**
  - ①　乙の就業時間は、次の通りとする。
  - ②　始業時刻：午前 11 時
  - ③　終業時刻：午後 7 時
  - ④　休憩：午後 2 時から午後 3 時まで

- **第3条　休日**
  - ①　乙の休日は毎週火曜日とし、乙の業務上必要があれば休日の振替ができるものとする。

- **第4条　賃金**
  - ①　乙の賃金は、実働 1 時間につき金 2,000 円とする。
  - ②　前月 26 日より当月 25 日までを 1 か月分として計算し、毎月 28 日に乙名義の銀行口座に振り込み支払う。

Section 05

透かしのサイズ変更や移動はどうやるの？クリックしても選択できないよ！

画像が入っているので、クリックして選択したくなりますよね。でも、どこをクリックしても選択できなくてイライラする……。

じつは、挿入した透かしは、本文の編集領域ではなく、ヘッダー・フッターの編集領域に挿入されます。だから、本文編集中はいくらクリックしても選択できないのです。ヘッダー・フッターに含まれることにより、全ページに一括挿入できるようになっています。

作成した透かしを編集したい場合は、以下のようにしてください。

❶ ［挿入］タブ→［ヘッダー / フッター］グループから「ヘッダー」をクリックして、ヘッダーとフッターの編集に切り替えます。

❷ 挿入されている図形が選択できるようになるので、クリックして選択してから、サイズや配置などを変更します。

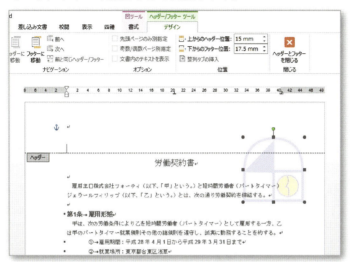

本文編集中は透かしの編集はできないので、気をつけましょう。

Section 06

フローチャートの作成で図形がきれいそろわず、時間がかかるばかり。どうすればいい？

　同じ図形を複数作成するのに、何度も同じ操作を行っていては、いくら時間があっても足りませんね。

「同じ図形は2度作成しない」
「コピーと配置をうまく活用」

　それがフローチャートを作成するときのコツです。
　図形をコピーするときは、配置が狂わないように、Shiftをうまく活用します。Ctrlは「コピー」、Shiftは「水平・垂直移動」と覚えてください。
　作成した図形を水平・垂直にコピーするには、Ctrl+Shift+ドラッグをします。

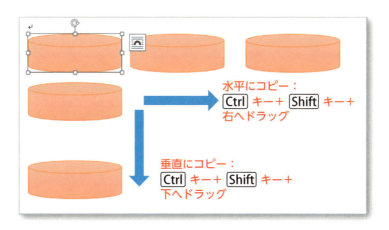

複数図形を等間隔に配置するには、Shift+クリックで複数図形を選択し、[配置]から[左右に整列](上下に整列)をクリックします。

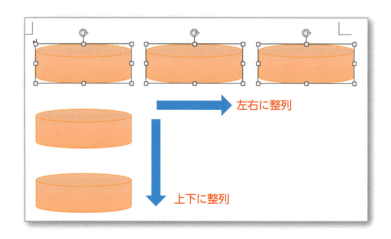

Point 「正方形」描画の秘密

　図形描画時は、クリックではなく、ドラッグを使って描画したほうがいいでしょう。クリックでは、それぞれの図形の規定値で描画されるからです。自分が作成したいサイズにドラッグして描画したほうがサイズの変更がラクです。

　また、正方形、丸、正三角形のようにゆがみのない図形を描画するには、Shiftを押しながらドラッグすることで、左右対称の図形が描画できます。もちろん、サイズ変更時もShiftを押しながら修正をかけましょう。

Section 07

せっかく作成したフローチャートを移動しようとしたら、配置がくずれてしまった。まとめて移動できないの？

「せっかくきれいに図形を配置したのに、全体を移動したいときにバラバラになってしまい、再度、配置を整えなくてはならなくなって、時間がかかる……」

これもよくある失敗です。

複数の図形をすべて選択して「グループ化」することで、1つの図形にすることができます。サイズ変更や移動がかんたんになりますよ。

❶ Shift を押しながらクリックして、グループ化したい図形をすべて選択します。

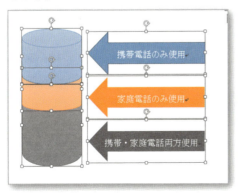

❷ ［図ツール］の［書式］タブ→［配置］グループから［グループ化］を
クリックします。

　これで、1つの図形としてグループ化されます。まとめて移動・コピー・縮小拡大やスタイルの変更が行えます。

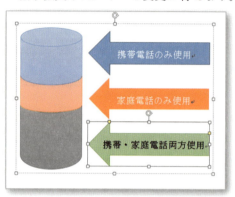

　グループ化しても、個々の図形の編集はできます。
　グループ化された図形を選択し、編集したい図形をもう一度クリックすると、その図形のみが選択された状態になります。そこから、色の変更やテキストの追加など編集ができます。

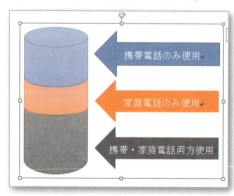

Section 08

削除したつもりはないのに、図が知らない間になくなってしまうときがある。どうして？

「何もしていないのに、おかしくなった！」

　そうおっしゃる方が時々いらっしゃいます。Wordは命令されたことしか実行しないので、何もしないのにおかしくなることはないはず……。
　おそらく、図は削除していなくても、段落を削除してしまったのでしょう。挿入した図は、段落の中に含まれています。その段落を削除することで、図も一緒に削除されてしまうのです。
　図がどこの段落に含まれているのかは、「アンカー」で表示されています。
　通常は、図を移動するとアンカーも同じように移動し、図の配置されている段落にアンカーが表示されます。ところが、図を移動してもアンカーを移動しない設定になっていると、「図はページの下のほうにあるのに、アンカーは別のところにある」ということになります。アンカーがある段落を削除すると、ページ下に配置していた図も一緒に削除されてしまうこととなります。

⊕図とアンカーが同じ段落にある場合

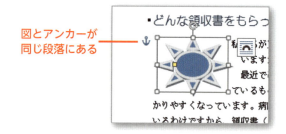

⊕図とアンカーが別のところにある場合

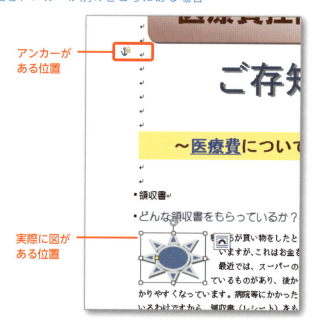

　アンカーは、図が行内に配置されているときには表示されません。段落にアンカーを固定する・しないの設定変更を行いましょう。

❶ 図の右上に表示されている［レイアウトオプション］から「詳細表示」をクリックします。

（または、［図ツール］の［書式］タブ→［配置］グループ→［文字列の折り返し］から［その他のレイアウトオプション］をクリック）

❷ ［レイアウト］ダイアログボックスの［位置］タブ→［オプション］の［アンカーを段落に固定する］のチェックを OFF にします。

ショートカットキー 一覧

メニューバーやコマンドボタンを使用するだけでなく、少しでも速く操作を行うために覚えておきたい機能をご紹介します。

基本的なショートカットキー

機能	ショートカットキー
新しい文章を作成	Ctrl + N
ファイルを開く	Ctrl + O
上書き保存	Ctrl + S
検索	Ctrl + F
置換	Ctrl + H
ジャンプ	Ctrl + G または F5
切り取り	Ctrl + X
コピー	Ctrl + C
貼り付け	Ctrl + V
全体を選択	Ctrl + A
元に戻す	Ctrl + Z
もう一度同じ処理をする	Ctrl + Y
ハイパーリンクの挿入	Ctrl + K
印刷プレビュー	Ctrl + F2
印刷	Ctrl + P
段落書式の解除	Ctrl + Q
最初の行にインデント設定	Ctrl + T
標準スタイル	Ctrl + Shift + N
変更履歴をオン	Ctrl + Shift + E

文末脚注	Ctrl + Alt + D
脚注	Ctrl + Alt + F
Officeアシスタントまたはヘルプの表示	F1
直前の繰り返し	F4
ジャンプ	F5 または Ctrl + G
文章校正	F7
フィールドの更新	F9
名前をつけて保存	F12
ポップヒント	Shift + F1
翻訳	Alt + Shift + F7
類義語辞典	Shift + F7
フィールドのロック	Ctrl + F11
フィールドのロック解除	Ctrl + Shift + F11
マクロの実行	Alt + F8
フィールドコード表示と結果の切り替え	Alt + F9
検索登録ダイアログボックス表示	Alt + Shift + X
スタイル見出し1	Alt + Ctrl + 1
VBAの起動	Alt + F11
ウィンドウの切り替え	Ctrl + F6

書式設定のショートカットキー

太字	Ctrl + B
斜体	Ctrl + I
下線	Ctrl + U
右ぞろえ	Ctrl + R
中央ぞろえ	Ctrl + E

左ぞろえ	Ctrl + L
両端ぞろえ	Ctrl + J
フォントのダイアログボックス表示	Ctrl + D
フォントサイズを小さく	Ctrl + Shift + ,
フォントサイズを大きく	Ctrl + Shift + .
文字を1ポイント小さく	Ctrl + [
文字をポイント大きく	Ctrl +]
ローマ字・かな入力切り替え	Alt + ひらがな
書式の解除	Ctrl + スペース
言語バーのショートカットキー表示	Ctrl + F10
クリップボード作業ウィンドウ表示	Ctrl + C 2回
段区切りの挿入	Ctrl + Shift + Enter
段落内で改行（行区切り）	Shift + Enter
改ページの挿入	Ctrl + Enter

文章移動のショートカットキー

その文章で直前に編集を行った位置に移動	Shift + F5
同種の文字列か英単語の先頭（末尾）に移動	Ctrl + →、←
カーソルのある行の先頭へ移動	Home
文章の先頭へ移動	Ctrl + Home
カーソルのある行の末尾へ移動	End
文章の末尾へ移動	Ctrl + End
1画面上に移動	Page Up
1画面下へ移動	Page Down
前ページの先頭へ移動	Ctrl + Page Up
次ページの先頭へ移動	Ctrl + Page Down

範囲選択

1つの英単語または同種の文字列	文字列の一部をダブルクリック
1つの文	選択したい文中を Ctrl + クリック
1つの行	左余白をクリック
文章全体	Ctrl + 左余白をクリックまたは左余白を3回クリック

アウトラインモードに関するショートカットキー

アウトラインのレベル上げ	Alt + Shift + ←
アウトラインのレベル下げ	Alt + Shift + →
アウトラインでの選択した段落を上に移動	Alt + Shift + ↓
アウトラインでの選択した段落を下に移動	Alt + Shift + ↑
下位レベルの非表示(折りたたみ)	Alt + Shift + -
下位レベルの表示(展開)	Alt + Shift + +

索引

記号・数字

- 165
! 165
1 行目のインデント 38, 40, 42, 51

アルファベット

DM 114
Excel データを削除 118
Excel の表の貼り付け 111
SQL コマンド 119
Word のオプション 174
Word の設定 58

あ行

あいまい検索 160
アウトライン 155
アウトライン入力 132, 134
アウトライン番号 137, 139
アウトライン表示 155
宛先の選択 119

宛名ラベル 121
アンカー 201
インデント 16, 18, 46
インデント位置 135, 137
インデントと行間隔 69, 71
ウォッシュアウト 188, 191
英数字すべてを太字に 167
エラー 118
オートコレクト 42
オリジナルのショートカットキー 40

か行

改行マーク 57, 58, 81
開始番号 144
外周 186
階層のある段落番号 132, 134
改ページと改行 159
箇条書き 46, 51, 63, 80
画像の挿入 185
画面の領域 183

画面を撮る	182
漢字コード	106
関数	99
完了と差し込み	116
脚注	153, 155, 157
脚注と文末脚注	153
脚注の境界線	155
キャプチャ	182, 183
行間	71
行間が縮まない	71
行間が開く	69
行間の「固定値」	71
行間を広げる	67
行頭の字下げ	38
行と段落の間隔	67
行内	185
行の途中で改ページする	95
行末の選択	58
キリトリ線	59
均等割り付け	56, 60
クイックアクセスツールバー	19, 20, 21, 22, 145
区切り	141
グリッド線	14

グループ化	199
計算式	99
形式を選択して貼り付け	11
桁区切り	125
結果のプレビュー	116
検索オプション	160
検索する文字	163
検索と置換	161, 162, 165
校閲	170
校閲者名	173, 178
校閲者名ごとに変更履歴を反映・削除	178
降順	102
広範囲を選択	35
効率的な選択方法	32
個々のドキュメントの編集	117, 118
個人名入り DM	114
固定値	71
コピー	196

さ行

差し込み文書	114, 118, 121, 125, 128
左右対称の図形	198
左右に整列	197

四角	186, 188
字下げ	38, 42
自動改ページ	159
自動的に番号を振る	66
市販品の用紙以外のサイズで差し込み文書を利用	128
ジャンプ	157
住所録	119
上下に整列	197
昇順	102
ショートカットキー	37, 40, 204
書式	28, 36
書式のクリア	37
書式のコピー	77
書式のコピー / 貼り付け	78
初版	176
水平・垂直移動	196
図（拡張メタファイル）として貼り付け	112
透かし	191, 194
スクリーンショット	182, 183
図形	196, 199, 201
スタイル	90, 162
スタイルギャラリー	139, 147
スタイル区切り	145
スタイルの変更	159
スタイル分割	146
図表の目次	150
図表番号の挿入	150
すべてクリア	164
すべて置換	161, 164
正方形描画	198
整列	197
セクション区切り	140
セルの間隔を指定する	91
セルの結合	82
セルの分割	110
全角文字 / 半角文字	161
選択解除	34
前面	185
その他のレイアウトオプション	203

た行

タイトル行	104
タイトル行を自動表示	97
タブ	16, 18, 46, 81, 84, 104
タブとリーダー	49, 59
タブマーク	48, 49

段落	18, 30, 44, 63, 201
段落後に間隔を追加	67
段落罫線	108
段落スタイル	148
段落の並べ替え	104
段落の前で改ページ	158
段落番号	63, 65
段落番号を振り直す	65
段落前で改ページする	159
置換	36, 165
置換後の文字列	164
中央揃え	85
中間	160
注の表示	155, 157
長文作成	158
通貨記号	100, 125
次のページから開始	141
ドラッグ	31

な行

内部	186
並べ替え	102, 104
入力オートフォーマット	43

は行

配置	197
ハイフン	165
パスワード	172
離れた箇所を選択	33
はみ出した1行を1ページに収める	75
範囲を移動	31
左揃え	44
表	80, 88
表計算	99
表示形式	100, 125
表に変換	80
表のオプション	91
表のカスタマイズ	90
表のスタイル	90
表の選択	85
表のタイトルを表示	97
表の高さ	89
表の中で文字をそろえる	84
表の並べ替え	102
表のプロパティ	91, 95
表の分割	95
表の列幅	89

便箋	107
フィールド更新	100, 147
フィールドコード	125
フィールドコードの表示 / 非表示	126
フォーマット	107
フォント	69, 71
複数ラベルに反映	121
フッター	140
ぶら下げインデント	51, 64
フローチャート	196, 199
ブロック選択	33
ページ設定	75
ページ番号	25
ページ番号の書式設定	143
ベタ打ち	29, 36
ヘッダー	140
ヘッダー・フッター	194
ヘッダー・フッターの設定	140, 142
変更箇所を元に戻す	179
変更履歴	170
変更履歴ウィンドウ	177
変更履歴オプション	174
変更履歴 / コメントなし	176
変更履歴の記録	170
変更履歴の処理	178
変更履歴のロック	172
変更履歴の一括反映・削除	179
編集記号の表示・非表示	16

ま行

前と同じヘッダー / フッター	142
右揃えのタブ	61
見出しスタイル	134, 145
ミニツールバー	12
目次	145, 148, 150
目次をすべて更新する	147
文字位置	18
文字がそろわない	44, 63
文字区切り	63
文字数	55
文字と文字の間隔	73
文字の均等割り付け	54, 55, 56
文字の選択	31
文字の置換	160, 165
文字の配置	87, 93
文字列での並べ替え	102
文字列との間隔	189

文字列の折り返し	185, 189, 203
文字列を表にする	81
文字をそろえる	54

や行

ユーザー設定の透かし	192
ユーザー設定の目次	148
ユーザー名	173

ら行

ラベル	121, 128
ラベルオプション	128
ラベル名	129, 151

リボンの下に表示	21
リボンのユーザー設定	22
両端揃え	44
ルーラー	18, 48, 49, 59
レイアウト	188
レベルの上げ下げ	133
連続番号	144

わ行

ワークシートオブジェクトとして貼り付け	112
ワイルドカード	165

四禮静子（しれい しずこ）

有限会社フォーティ取締役。日本大学芸術学部卒業。CATVの制作ディレクター退職後、独学でパソコンを学び、下町浅草に完全マンツーマンのフォーティネットパソコンスクールを開校。講座企画からテキスト作成・スクール運営を行う。1人1人に合わせてカリキュラムを作成し、受講生は初心者からビジネスマン・自営業の方まで2000人を超える。行政主催の講習会のほか企業に合わせたオリジナル研修や新入社員研修など、すべてオリジナルテキストにて実施。PC講師だけでなく、Web制作企画や商店の業務効率化のアドバイスなども行う。著書に『Excelのムカムカ！が一瞬でなくなる使い方』（技術評論社）、共著に『ビジネス力がみにつくExcel & Word講座』（翔泳社）がある。
http://www.forty40.com

■お問い合わせについて

本書に関するご質問は、FAX か書面でお願いいたします。電話での直接のお問い合わせにはお答えできません。あらかじめご了承ください。

下記の Web サイトでも質問用フォームを用意しておりますので、ご利用ください。

ご質問の際には以下を明記してください。

・書籍名
・該当ページ
・返信先（メールアドレス）

ご質問の際に記載いただいた個人情報は質問の返答以外の目的には使用いたしません。

お送りいただいたご質問には、できる限り迅速にお答えするよう努力しておりますが、お時間をいただくこともございます。

なお、ご質問は本書に記載されている内容に関するもののみとさせていただきます。

■問い合わせ先

〒162-0846
東京都新宿区市谷左内町 21-13
株式会社技術評論社　書籍編集部
「Word のムカムカ！が一瞬でなくなる使い方」係
FAX：03-3513-6183
Web：http://gihyo.jp/book/2016/978-4-7741-8243-8

【カバーデザイン】
竹内雄二

【カバー写真】
Konstantin Tronin ／ Shutterstock

【本文デザイン・DTP】
有限会社ムーブ
（新田由起子、川野有佐）

【編集】
傳　智之

【Special Thanks】
天野暢子

Wordのムカムカ！が一瞬でなくなる使い方
～文章・資料作成のストレスを最小限に！

2016年 8 月10日　初版　第 1 刷発行

著　者	四禮静子	
発行者	片岡巌	
発行所	株式会社技術評論社	
	東京都新宿区市谷左内町 21-13	
	電話　03-3513-6150　販売促進部	
	03-3513-6166　書籍編集部	
印刷・製本	昭和情報プロセス株式会社	

▶定価はカバーに表示してあります。
▶本書の一部または全部を著作権法の定める範囲を超え、無断で複写、複製、転載、テープ化、ファイルに落とすことを禁じます。

© 2016　有限会社フォーティ

造本には細心の注意を払っておりますが、万一、乱丁（ページの乱れ）や落丁（ページの抜け）がございましたら、小社販売促進部までお送りください。送料小社負担にてお取り替えいたします。

ISBN978-4-7741-8243-8　C3055
Printed in Japan